科学普及读本
KEXUE PUJI DUBEN

神秘的植物王国

Shenmi De Zhiwu Wangguo

雅风斋 编著

金盾出版社

内 容 提 要

《神秘的植物王国》从植物的起源和进化入手，介绍了植物的分类及特点、植物生长特征、不同植物与人类的关系，更综合了许多特色植物的趣闻，增加了本书的趣味性，使本书成为更加适合于青少年阅读、图文并茂的科普读物。

图书在版编目（CIP）数据

神秘的植物王国/雅风斋编著. —北京：金盾出版社，2012.4
（科学普及读本）
ISBN 978-7-5082-7473-7

Ⅰ.①神… Ⅱ.①雅… Ⅲ.①植物—普及读物 Ⅳ.①Q94-49

中国版本图书馆 CIP 数据核字（2012）第 033512 号

金盾出版社出版、总发行
北京太平路 5 号（地铁万寿路站往南）
邮政编码：100036 电话：68214039 83219215
传真：68276683 网址：www.jdcbs.cn
三河市兴国印务有限公司印刷、装订
各地新华书店经销
开本：710×1000 1/16 印张：12
2012 年 6 月第 1 版第 1 次印刷
印数：1～20 000 册 定价：29.60 元

目 录

Contents

第一章
Chapter 1

植物知识浅识

植物是生物界中的一大类群，它们的细胞多具有细胞壁，大多数具有叶绿素、基质、细胞核，无神经系统。

目前，世界上已知的植物大约有35万多种，主要分为种子植物、苔藓植物、蕨类植物和拟蕨类植物等。

地球植物的起源与发展

大部分科学家都认为植物体最初是源自海洋的，而蓝藻就是在地球早期的海洋中出现的目前已知的最早的植物的祖先。

大约在距今25亿年的元古代，地球进化史上就出现了菌类、藻类等。其后藻类在地球环境的不断变化中曾经一度非常繁盛。大约到了4.38亿年前的志留纪，绿藻类摆脱了水域环境的束缚，成功征服较为干旱的陆地环境，进化成为蕨类植物。自此，原本死气沉沉的大地开始出现些微生机。

趣味链接

中国最早的植物辞典

《花果卉木全芳备祖》是中国最早的植物学辞典，同时也是世界上最早的植物学辞典。它是由南宋时期的学者陈景沂编撰。全书共有58卷，包括有果、花卉、草木、农桑、蔬菜和药物等部分。

现存的唯一原本保存于日本宫内厅书陵部。

在距今约3.6亿年的石炭纪，石松类、楔叶类、真蕨类和种子蕨类以沼泽森林的形式不断发展起来。

到了距今2.48亿年的三叠纪，曾经在古生代时期繁茂于大地之上的

迎风而立的松树

植物种类几乎全部灭绝，新生的裸子植物接替其开始兴盛。随着时间的不断推进，裸子植物进化出了花粉管，并摆脱了对水的过度依赖，在较为干燥的陆地之上形成了茂密的森林。

到了1.45亿年前的白垩纪时代，被子植物也开始在地球上出现，并于晚白垩纪迅速发展，代替了裸子植物，形成延续至今的被子植物时代。现代类型的松、柏，甚至水杉、红杉等，都是在这一时期产生的。

植物的基本分类

根据植物体的结构和进化，现代植物分类学将植物分为低等植物和高等植物两大类。

低等植物也叫叶状体植物，是最早出现在地球上的一群古老的植物生命体。

趣味链接

中国最早的地方性植物志

《南方草木状》是中国最早的地方性植物志。是由晋代的代嵇含所撰写。

《南方草木状》分为上、中、下3部分。分别介绍了广东、广西等地的草、木、果、竹。

低等植物的植物体不存在根、茎、叶的分化，也没有中柱。包含了单细胞、群体、多细胞3种类型。

低等植物的有性繁殖器官很简单，大多数是由单细胞构成。

低等植物在营养方式上分为自养和异养两大类型：

①自养植物含叶绿素，能进行光合作用。

②异养植物不含叶绿素，无法进行光合作用。

高等植物是由原始的低等植物经过长期演化而来的，是对陆生生活长期适应的结果。

高等植物在体形结构、生理特性上都要比低等植物复杂的多。高等植物一般都具有根、茎、叶的分化，且有中柱。

高等植物在其通常的发育周期中，会有两个不同的世代：

①无性世代。这类植物的植物体被称为孢子体，能产生孢子进行无

趣味链接

世代交替在高等植物中的表现各不相同。

在苔藓植物中配子体占绝对优势，孢子体以寄生状态存在，依靠着配子体供给它所需的养料。

在蕨类植物中孢子体状比较发达，配子体则褪化为原叶体，但仍能独立生活。

裸子植物和被子植物的孢子体则更发达，而配子体也进一步褪化，寄附在孢子体上。这是其长期适应陆生生活的结果。孢子体趋向不断发展的同时，配子体由于得不到水而逐渐趋于褪化，最后只能寄生于孢子体上。

越是高等的陆生植物，它的孢子体越发达，而配子体则越褪化，这就是植物界由低级向高级发展的一个重要标志。

性繁殖。由孢子发育成的植物体，被称为配子体。

②有性世代。植物配子体产生精子和卵细胞进行有性繁殖，精子和卵细胞结合成合子，合子再发育成为孢子体，这个过程被称为有性世代。

这种无性世代与有性世代的相互交替现象，叫做世代交替。

植物的结构

植物生命的依托——根

大多数的植物都是具有根的，尤其是陆生植物。

虽然植物的根通常位置“最低”，且通常处在暗无天日的地下，但其肩负的任务却是最重的。

植物的根主要起到固持植物体、吸收水分、以及储藏养分将水与矿物质输导给茎的作用。植物根系还有合成和转化有机物的能力，可以有效地改善其生存土壤的局部结构，为自身的更好生长创造合适的土壤环境。

根的结构

植物的根通常都是圆锥形的，其顶端是由根冠、分生区、伸长区和根毛区的根尖组成。其中根毛区密生的根毛具有非常强的吸水能力，植物生长所需的水分和养分几乎都是靠这个区域吸收来的。

根的类型

植物根并不是只有一种的，生

存在不同环境中的不同植物，其根部样式也是有所区别的。

①不定根，指的是由植物其他营养器官长出来的根，如茎、叶中长出的根。

②假根，苔藓等较原始的陆生植物没有维管组织，只有由单细胞或多细胞组成的假根。这些假根可以帮助它们吸收水分、固定植物体。

③变态根，指由于功能改变引起的形态和结构都发生变化的根。根变态是一种可以稳定遗传的变异。主根、侧根和不定根都可以发生变态。

变态根主要有以下几种：

支柱根　有些植物能从茎干上长出一些柱状的不定根，向下伸入土中，辅助主根对植物体进行支持，这些便是支柱根。如榕树、玉蜀黍等就经常会生长出一些支柱根。

板根　许多生长在热带雨林中的树木个体都非常巨大，一般幼小的根是无法完成支撑任务的。所以这些树木都生长着非常特殊的根——板根。

气生根　有些植物的茎能长出不定根，暴露于空气中，称为气生根。植物的气生根除了能够吸收空气中的水分之外，还能攀缘在其他物体上。

附生根　有些植物的主根柔弱，必须从茎节上长出不定根攀附在其他的物体上，称为附生根。

趣味链接

板根就是一些高大植物在树干基部向四周围生长出的板状突起物。在木棉、木麻黄、凤凰木、银叶树木种类中多有发生等。

贮藏根　植物贮藏根的外形肥大，有时又被称作块根或球根。植物的贮藏根内含有丰富的养料和水分，能够在不良季节维持植物的生长。

有些贮藏根是由植物的主根膨大而成的，如萝卜；有些则是从植物的侧面根或不定根膨大而成，如番薯。

呼吸根　生长在沼泽或者近海地带的植物，由于不能从土壤中获得充足的氧气，于是其支根冲出地表暴露在空气中，以协助植物体进行呼吸，这种根被称为呼吸根。

寄生根　槲寄生、菟丝子等植物经常寄生在其它植物体上，并以根部吮吸寄主的营养物质，这类的根就是寄生根。

茎连接着植物的花、叶、根

植物的身体主干——茎

茎是植物的营养器官之一，也是大多数植物可见的主干。

茎下接根，通过木质部将根部吸收到的水分和矿物质向上运输到各营养器官，通过韧皮部将光合作用的产物向下运输。

茎来源于植物胚胎的胚芽。准确地说作为胚轴组成部分的茎就是子叶下的部分。

有些植物的茎可以高达几十米，有些小草茎则仅有几厘米。

植物的根、叶、花全部要靠茎。虽然植物的茎并非都挺拔笔直，但它却跟人体的脊椎一样，是植物体的支柱。

茎的结构

在植物茎的顶端，生长着由分生区、伸长区和成熟区组成的茎尖，茎都是由茎尖分生组织不断分化形成的。每一个茎上通常都生有芽、节和节间。

高等植物的营养器官——叶

叶是高等植物的营养器官，发育自植物茎侧边的叶原基。

叶内含有叶绿体，是植物进行光合作用的主要器官。同时，

植物的叶是其完成光合作用的主要器官

植物的蒸腾作用也是通过叶的气孔来实现的。

叶只出现在真正的茎上，即只有维管植物才有叶。蕨类、裸子植物和被子植物等所有高等植物都有叶。相对的，苔藓植物、地衣等则不具有叶。在这些扁平体中虽然能找到与叶相似的结构，但只能作为类似物。

从广义上来说，所有能进行光合作用的植物组织结构都可以称之为叶。也有一部分植物的茎为了不让水分被蒸散掉，演变成了如仙人掌般针状的叶子。

叶的结构

植物的叶包含了叶片、叶柄和托叶3部分。

叶片　指的是完全叶上扁平的主体结构，它会尽可能地吸收阳光，并通过气孔调节植物体内的水分多少和温度高低。

在叶片的纵切面可见3种主要结构：表皮组织（即上、下表皮）、叶肉组织（包括栅栏组织和海绵组织）及维管束组织。

叶柄　是连接叶片与茎节的部分。

托叶　则着生于叶柄基部两侧或叶腋处。托叶具有细小、早落等特点。

被子植物的生殖器官——花

花是被子植物繁衍后代的生殖器官，一般都由花萼、花冠、雄蕊和雌蕊等几个基本部分组成。

雄蕊与雌蕊是繁殖器官，花萼和花冠是用来保护它们并吸引昆虫前来传播花粉的。有些花虽然没有花瓣，但雌蕊和雄蕊是必具其一的。

趣味链接

不同的植物种类，托叶的形态也不同。

例如豌豆有着大的叶片状托叶；洋槐和酸枣的托叶呈针形；山樱花的托叶呈羽状，其作用是保护幼叶。

花的类型

整齐花

呈辐射对称形状的花就是整齐花。

罂粟、郁金香、蔷薇、玫瑰都是整齐的、呈辐射对称的花，它们以不同的方式分为相等的两半。

整齐花的构造形式最简单。最早进化的花的花冠就是按这种方式排列的。

不整齐花

两侧不对称的花，就是不整齐花。

兰花便是一种不整齐花，它只能按一种方式分为相等的两半，而不是像梅花、菊花、月季的花朵那样规则，可以按不同方式分为相等的两半。

不整齐花通常会通过某些特殊种类的昆虫或其它动物为其传粉。

趣味链接

我们看到的美丽花朵，多数是植物的花冠。

由于花瓣的离合、花冠筒的长短、花冠裂片的形状和深浅不同，形成了各种类型的花冠：十字形、筒状、漏斗状、坛状、钟状、高脚碟状、轮状、蝶形、唇形、舌状等。

植物的果实与种子

植物果实

植物的果实同植物的花一样，也属于被子植物的生殖器官，通常在开花授粉之后，以受精的子房为主体而形成，其中包含有种子。某些植物也可以通过单性结实形成果实，这样形成的果实在外形上与正常果实相似，但其中的种子没有生殖能力，且通常会发生不同程度的褪化，甚至完全消失。

果实的结构通常可分为种子和果皮两部分。果皮又可分为外果皮、中果皮和内果皮，其中外果皮的表面通常会生有不同形态的附属物，如腺毛、钩、翅等。

果实对于种子有保护功能，并能帮助种子传播。由于不同植物在长期的演化中形成了多种多样传播种子的方式，所以各种植物果实不仅在外观上具有极丰富的多样性，而且彼此的发育史也相差很大。

苹果就是一种果实

植物种子

种子是裸子植物和被子植物特有的繁殖体，它由胚珠经过传粉受精形成。

被子植物的种子包被在由子房中胚珠长成的，子房发育成果实。这种种子根据在其发育过程中胚乳是否被吸收而分为有胚乳种子（如稻、麦、蓖麻等）和无胚乳种子（如豌豆、花生、蚕豆等）。

裸子植物的种子裸露在外、无包被。

种子一般由种皮、胚和胚乳等组成。胚是种子中最主要的部分，包括胚芽、胚根、胚轴和子叶，萌发后长成新的个体。胚乳含有营养物质。

我们常见的植物种子

植物与光照的关系

光是植物的生长能源，它可以促使植物体中的叶绿素产生自由电子与电位差，进行光合作用，放出氧气，并促进植物的蒸腾作用。

光照对植物生长的影响

一般说来，绿色植物只有处在阳光的完全光谱下才能正常生活；植物缺光，就会逐渐黄化、死亡。许多现象和试验表明，光质、光照强度、光照方向等差异对植物的生态影响也存在着差别。

光质对有机物的合成和绿色植物的生长都有影响。在太阳辐射的7种可见单色光中，以红光和蓝紫光的利用率最高。

趣味链接

植物的趋光性表现

●生长在空旷地域上的孤立木，既可以接受到上方光也可以接受到侧方光，所以树冠生长得广阔且干形粗矮，发育较早、结实；

●只受上方光照的林木，树冠狭窄而干形通直，发育较迟而结实较少。

●只受单侧光照的林木，树冠偏歪，干形不正，髓心偏斜；

●光照不足的密林被压木，生势衰弱，发育受到抑制。

科学研究证明，植物在红光下合成糖类较多，在蓝紫光下合成蛋白质较多。因此用有色塑料薄膜控制光照条件、改变光质，可以在一定程度上影响植物生长过程中经光合作用产生的产物。

此外，红外线有促进植物种子萌发和延长生长的作用；而紫外线则能抑制植物茎的伸长，但会促进花青素的形成和引起植物向光性的敏感。

光量和光照方向对植株的生长发育也有一定影响。对树木的影响最为明显，这是由于植物生长有趋光的特性，植物结实尤其需要充分的光照。

不同地区、不同种类的植物，由于长期处在不同的光照条件下，所以对光照强度形成了不同的生态适应性。按照植物对光照强度的不同需要，一般可划分为3种类型：

阳性植物

喜光　在较强的光照下才能生长发育良好，无法适应长期的荫蔽环境，光合作用补偿点较高。

阳性植物的主要受光器官是叶片。

阳性植物的叶子一般表皮较厚，颜色较浅，角质层或蜡质层比较发达，气孔通常小且密集，栅栏组织较发达，一般呈

趣味链接

许多高山植物具有茎秆短矮、花色鲜艳等形态特征，这与高山上紫外线较多是分不开的。

柳树就是一种喜光的阳性植物

平行排列、能转动受光。

这类树木，还有树冠稀疏、透光度大、自然整枝良好、林冠下更新不良等特征，典型的有落叶松、油松、华山松、马尾松、桉、杨、桦、柳等。

阴性植物

耐荫　在较弱的光照下比在强光下生长发育良好，生长初期无法忍受过强的光照，光合作用补偿点较低。

阴性植物的叶子一般表皮较薄，颜色较深，角质层或蜡质层不甚发达，气孔大且稀疏，海绵组织发达，一般呈镶嵌排列，叶面向光。

这种树木，还有树冠浓密、透光度小、自然整枝不良、林冠下更新良好等特征，典型的有云杉、冷杉、铁杉、常绿槠栲、阿丁枫等。

中性植物

介于喜光和耐荫之间　中性植物既能在较强光照下生长，又能在较荫蔽的环境中生长，其特性居中。

这种树木被称为中性树种，典型的有杉木、麻栎、樟树等。

阳性、阴性、中性植物的划分，反映了光对植物生长和形态构造的作用，以及植物需光程度的差别，对于造林树种的选择和配置等都有重要意义。

当然，这种划分只是相对的，植物的需光度并非一成不变，而是与年龄、气候、土壤等条件有密切关系的：

①从年龄上看，同种植物一般幼年比成年耐荫；随着年龄的增长，植物的需光程度会逐渐增加。

例如，广东松幼苗期能耐庇荫，在天然状态下能更新成林；但到成年阶段，则呈现明显的阳性特征。

②就气候而论，植物在湿润、温热的条件下，耐荫程度要高一些；随着海拔或纬度的增加，植物的耐荫程度要低一些。

例如，栲树在广东、广西丘陵，一般表现为中性偏阴；而在闽北山地，则往往表现为中性偏阳。

③土壤条件对植物的需光程度也有影响。同种植物在肥沃疏松的土壤中生势旺盛，耐荫程度也大一些；在瘠薄干硬的土壤中则生长不良，耐荫程度较差。

例如，榛树在肥沃土地上树冠浓密，在贫瘠土地上则树冠稀疏。

植物的需光度会随着年龄、气候等条件而发生变化。

植物对光质、光量的反作用

我们都知道，环境和植物之间是可以互相影响的。所以，在光对植物产生影响的同时，植物也能改变光质、光量。这种反作用的影响在森林中尤为显著。

据统计，太阳投射到森林上的光线，约被林冠吸收35~70%、反射20~25%，而林下光量则只有5~45%。

树叶吸收的是对光合作用有用的光，如红、蓝光，反射的是无用的甚至是有害的光，如红外线及绿光等。

因此，通过林冠到达林地表面的光，无论光量和光质都发生了很大的改变，甚至会影响林下植物的种类、数量和幼树的生长。光因子的变化又会牵连许多生态因子的改变，例如空气温度、湿度和土壤温度、湿度等。

植物与温度的关系

一定的温度是植物生命活动的保证。

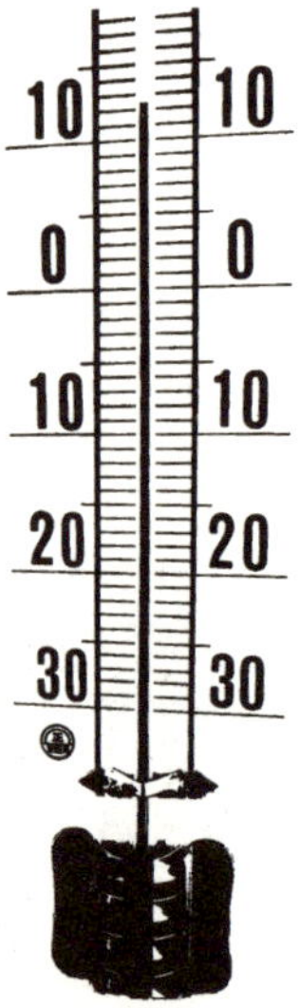

气温与土温与植物生长关系密切

原生质的活性需要一定的温度才能维持，各种酶的生物催化作用也需要一定的温度才能进行。呼吸作用、光合作用、蒸腾等生理作用都只能在一定的温度范围内进行。另外，温度对植物发芽、抽叶、开花、种实成熟都有明显的影响。

在温度条件中，与植物生长发育最密切相关的就是气温与土温。

气温 的高低直接影响着植物的生理活动和生理作用。

土温 的变动则具有一定的间接作用。例如土层吸热、散热时发生的冷热变化，可以促进土壤内和地面上的空气交流；土温在一定幅度内升高，还有利于微生物对土壤中有机质的分解和某些无机盐的溶解。

温度三基点

植物对温度有一定的适应范围。温度保持在适应范围内，植物生长发育正常；若温度超过了植物所能忍受的最高或最低范围，植物生长发育就会受到妨碍，出现温度伤害，甚至全株死亡。

根据不同温度对植物生长发育作用的效果，可以将植物温度划分出最高点、最低点和最适点，称为植物温度三基点。

不同植物的温度三基点也有相同，特别是生长在不同地带的植物，对温度的要求差异也会不同。热带树木如橡胶树、椰子等，要求日平均温度在18℃以上才开始生长；而许多温带树木，则要求当日平均温度只要达到10℃，甚至不到10℃就开始生长。

同一植物的不同发育时期的温度三基点也有区别，特别是在花粉母细胞减数分裂期和开花受精期波动最大、最敏感。

温度对植物生长的影响

如果植物生存环境的温度不合理，就会对植物造成伤害。这其中包括了高温伤害和低温伤害两种。

高温伤害

所谓植物的高温伤害，就是迫使植物加强呼吸作用，增大蒸腾强度，进而大量消耗植物体内的有机物和水分，影响酶的活性、破坏新陈代谢，最终妨碍到植物的正常生长发育。

超过最高点的持续高温，还会引起植物细胞原生质胶体大量失水，出现蛋白质变性。

过高温度的为害症状有：枝叶暂时蔫萎、幼苗根颈倒伏、皮层灼伤灼裂、树皮坏死流脂等。其中对幼嫩部分伤害最大，严重时可以导致全株死亡。

趣味链接

合理变温对植物生长的影响

一定程度的变温，对植物生长发育是具有良好影响的。

例如，许多植物种子在经过变温后其发芽势会有所提高。火炬松幼苗，在昼夜温差最大时生长最好。红薯也具有在土壤表层结薯和要求较大昼夜温差的特性。

这些实例从某种程度上都证明了合理的变温对某些植物的良好生长发育有着不容忽视的作用。

另外，遵循了一定规律的季节性温度变化对植物生长也是有好处的。

植物的发芽、开花、结实等物候期与温度高低有着较为直接的联系。植物在不同的物候期需要不同的温度量。

对植物的高温危害一般出现在夏季。因此当天气开始变热时要及时利用遮荫、灌溉等措施来为植物进行有效的降温。

低温伤害

低温对植物的伤害可分为两类：

● 温度不低于0℃时，引起的喜温植物的低温伤害被称为“寒害”。常见表现是顶芽、嫩叶和幼茎的枯萎。

寒害产生的原因，主要是低温条件下ATP（腺嘌呤核苷三磷酸）的减少、酶活性的减弱，从而引起植物生理活动的活性降低，正常代谢平衡受到扰乱。

● 温度下降到0℃以下时，植物组织内部发生冰冻而引起的伤害被称为“冻害”。

植物组织结冰时，细胞间的水膜首先结冰（细胞外结冰），因此细

过低的温度会对植物造成伤害

趣味链接

近年来，有研究表明，植物组织内一旦结冰，温度每降低1℃，压力增加12巴，温度继续下降，冰晶逐渐扩大。

这种情况一方面会导致植物细胞失水，使它的胶体结构发生不可逆的转变；另一方面会致使植物体内的压力增加，促使其化学键破裂、细胞膜变性和细胞壁撕裂，最终引起植物细胞的损伤或者死亡。

这种现象，降温速度越快，受害越重。

当冰融化时，升温速度的快慢又成为植物受害轻重的一个重要因素。

冰融化得越慢，植物受害越少。因为在冰融缓慢的过程中，植物仍然来得及把细胞间隙中的水分吸到细胞中去；温度回升太快，融化的水分迅速蒸腾，就来不及回到细胞中去。对植物危害最大的就是“结冰-融化-结冰”的反复交替。这种反复会使原生质处在“失水-饱和-失水”的状态，对植物体造成不可挽回的伤害。这种现象，在温带多霜地方尤其严重。

胞壁及细胞内的水分被吸到细胞之外冻结，原生质大量失水，造成生理干旱和机械压力。

植物对环境温度的反作用

植物对局部温度也有一定的影响，尤其是森林对温度的影响。

森林的蒸腾较大，消耗太阳辐射的热能较多，林冠的荫蔽，又能反射、阻挡一部分太阳辐射，所以一天之内，白天的最高温度低于旷野，特别在林冠下更是如此；入夜以后，又因林冠的阻挡，散热较慢，因而最低温度又高于旷野，形成日温差较小的特点。

由于同样的原因，一年之内，森林中的温度夏季低于旷野，而冬季则高于旷野，又形成年温差较小的特点，起到了一定的调节作用。

同时，又由于森林中湿度较高，这些影响综合起来，便使林区特别是林冠下的小气候得到改善，形成特殊的森林气候。

植物与水的关系

水是植物生命活动的必要条件，植物的一切生理功能都要有水的参与才能完成。

水在植物体的营养物质吸收和运输及光合作用、呼吸作用、蒸腾作用的进行中都起到了至关重要的作用。水就像是植物的血液一样，如果没有了水，植物的生命就会停止。

水分对植物生长的影响

水分的多少，对植物生长发育影响很大。树木的高度生长、直径生长、材积生长、根系生长，都在一定程度上受到其生长环境中水分、水质的影响。

植物同人类一样，没有水是无法生存的

植物体内有吸收水分和消耗水分的两个既矛盾又紧密相关的生理过程。只有植物水分的获得和消耗数值相对合理，植物体内的水分含量才能达到基本平衡。

水分缺失对植物的危害

不管什么种类的植物，如果其体内水分的蒸腾消耗大于水分吸收，就会引起植物体水分亏缺。

植物体水分亏缺最直接的后果就是植物细胞失去膨压、组织丧失紧张状态。其外在表现为植物叶、茎的幼嫩部分出现下垂，植物整体呈现“萎蔫”状态。

我们经常会看到公路两边的装饰花朵在午后的烈日照晒下出现萎蔫的状态。但是第二天我们去晨练时，又可以看到萎蔫消失的花朵。这是因为一般晚上的气温会下降，植物的蒸腾作用减弱，吸水作用补充了植物水分，萎蔫自动消失。这种萎蔫属于暂时萎蔫。

而我们看到因为大量失水而导致的不能恢复活力的植物，则一般属于永久萎蔫。

植物发生萎蔫主要是由于干旱，所以防旱、抗旱就成为防止植物萎蔫的重要工作。

水分过多对植物的危害

植物同人类一样，在缺水的时候会出现病状甚至死亡，同样在水分

缺水的植物常常会萎蔫发黄，甚至干枯死亡

趣味链接

减少干旱的方法

1. 采用人工灌溉来补充水分；

2. 通过多施有机肥和松土除草等措施，来增强土壤的持水能力并减少蒸发；

3. 通过营造森林来改良气候和保持水土；

过多的时候也会出现个体伤害。通常水分过多对植物的伤害主要体现为涝害。

涝害的形成并不在于水分本身，而是因为植物根系的正常代谢有一定的规律和承受能力，当土壤孔隙充满水分时，植物根部就会出现缺氧，植物体有氧呼吸受到抑制，进而影响了植物根系的正常代谢。时间一久就会造成植物因窒息或生长恶化而死亡。

另外，值得注意的是，当土壤中的水分过于饱和的时候，就会使好气分解受到抑制、嫌气细菌异常活跃，导致土壤中积累过多的有机酸和二氧化碳，甚至会产生有毒产物，影响植物根系呼吸，令植物在无氧呼吸下产生过多的酒精，最终中毒死亡。植物因涝害死亡以后，其根系常腐烂发臭，就是这个原因。

为了防止涝害，根本的办法就是排水。

趣味链接

很多人都养过一些花花草草，除了爱好外，还可以装饰我们的生活环境。但是我们偶尔会出现这样的疑惑，为什么我明明每天给自己心爱的花草浇水，但是它们最终还是死掉了呢？

其实，这常常就是因为我们“过度关心”植物，给它们“喂”了太多的水，最后导致它们“喝水撑死”了。我们生活中较常栽养的植物，如仙人掌等由于其水分消耗过程比较缓慢，是不能够过多浇水的。

植物对水分量的适应程度

不同种类的植物，不但对水分的需要量不同，对水分的

荷花就是典型的水生植物

适应性也不同。

按照植物对水分的适应程度，可以分成4个不同的生态类型：

●水生植物

所谓的水生植物就是能够长期在水中完成生长发育的植物。

水生植物对水生环境具有长期适应性，其根系和输导组织一般已经在不断的进化过程中衰退，机械组织相对软弱。

水生植物的茎、叶都有发达的通气组织和多量的叶绿体，这就使其个体能够最大程度地有效利用水中微弱的氧气和光照。

水稻是一种常见的湿生植物

根据水生植物在水层中生长的深浅，又可分为挺水植物（如芦苇、香蒲等）、浮水植物（如浮萍、菱角等）、沉水植物（如金鱼藻等）3种类型。

●湿生植物

所谓湿生植物就是能够在水分经常饱和的土壤中正常生长的植物。

湿生植物的抗旱能力一般都很

弱。典型的代表有水稻、水芋、水松、红树等。

湿生植物的根、茎生有通气组织，能通过上部的叶、茎吸收氧气来供应根部的需要。

●旱生植物

所谓旱生植物就是能够在大气和土壤长期干旱的情况下正常生长的植物。

旱生植物的抗旱能力相对较强。典型的代表有麻黄、骆驼刺、仙人掌、金合欢等。

旱生植物除了有细胞的渗透压很高的生理生化特性外，还有一定的旱生构造。

旱生植物一般都具有发达的根系、输导组织和保护组织、叶子变小或褪化成刺状、鳞状等；旱生植物的气孔较少，通常深藏于表皮层内，借以加强吸水和减少蒸腾；一些肉质旱生植物的茎、叶薄壁组织发达并发展为贮水组织，能在植物体内积贮大量的水分，以供应其在干旱时期的生长需要。

●中生植物

所谓中生植物就是适应在水分条件中等的土壤中生长的植物。中生植物的耐水性介于旱生植物和湿生植物之间。自然界中的大部分植物都属于中生植物。

仙人掌是旱生植物

中生植物在生理、生化方面没有旱生植物的超强适应性，也没有湿生植物适应环境的通气组织。所以中生植物的抗旱能力远比不上旱生植物，抗涝能力也不及湿生植物。

水生、湿生、旱生和中生植物的划分是相对的，不存在绝对的界限。

植物对水分的反作用

在水分对植物产生影响的同时，植物也反作用于其生长环境中的水。这种反作用在森林中尤为明显。

森林由于树冠阻留、地被吸收和林地透水作用，能减少地表径流约50%~80%，削弱了冲刷，滞蓄了洪水。尤其在较为严寒的地区，冬季积雪被截留，对涵养水源和保持水土有显著效果，于是形成了“山青才能水秀”的关系。

植物与空气的关系

空气对植物生长、生存也有着极为重要的意义。

按容积计算，空气主要是由78%的氮、21%的氧和0.03%的二氧化碳所组成。此外，还有少量的惰性气体以及组成不稳定的水汽和粉尘微粒、工业废气等。

空气对植物生长的影响

在空气中占有一定比重的氧和二氧化碳是植物呼吸、光合作用所必需。如果没有空气，绿色植物就无法生存；同时空气中的大量粉尘、废气的污染对植物的生长则极为有害。

空气中有益气体对植物的重要性

空气中的氧对于植物极其重要，空气中的氧足够植物需要，而土壤中有时氧气缺乏，会影响植物生命的活动。

二氧化碳为光合作用所必需，空气中含量不多的二氧化碳稍有变动，对植物光合生产率就有很大影响。在大多数情况下，当空气中二氧化碳的浓度增高到平常的10~20倍甚至更高时，光合作用强度也会出现相

植物依靠空气中的二氧化碳来完成光合 作用

应的增加。

另一方面，在生物呼吸和工业生产过程中，会释放出大量的二氧化碳。据研究，空气中二氧化碳浓度达到0.1%时，就会妨害到人体健康；达到2%时，人类和动物就会出现呼吸困难的状况。而植物恰好是天然的二氧化碳消耗者和氧气制造者。据统计，1万平方米的阔叶林每天约可吸收1吨左右的二氧化碳，同时释放出约0.73吨氧气。

空气中有害气体对植物的危害性

空气中除了对植物有用的气体外，还有对人类和所有生物都有害的粉尘、废气。

烟尘微粒会堵塞、遮盖叶面气孔，导致水、气进出植物体的通道不畅；同时还会减少叶面的受光。出现上述情况的时候，植物的蒸腾、呼吸、光合作用也都会受到妨碍，引发植物体内水分失调、新陈代谢受影响。

废气中主要的污染物质能严重危害植物。它们进入叶内，使植物出现脱水的状况。另外，具有强酸的废气，会使原生质、叶绿素、酶受到毒害，因而破坏植物正常的新陈代谢协调性。

植物对空气环境的反作用

植物可以在其生长环境中起到滞尘和降尘作用。树木有高大茂密的树冠，能够减低风速，随着风速的降低，空气中携带的大粒灰尘下降。另外，由于叶子表面一般都不平滑、多绒毛或会分泌黏性油脂及汁液，这也能吸附大量的灰尘。

蒙尘植物经雨水冲洗后，又可以恢复滞尘作用。自然界中的植物就

趣味阅读

为生态环境点亮“eco”

人类的生活水平随着科技的进步在不断地提高，现代家庭中有车已经不是一件稀奇的事情了。虽然开车出行给人们的生活带来了极大的方便，但也同时存在着隐患。

据科学数据显示，汽车尾气中含有上百种不同的化合物，其中的污染物有固体悬浮微粒、一氧化碳、二氧化碳、碳氢化合物、氮氧化合物、铅及硫氧化合物等。一辆轿车平均一年排出的有害废气比自身质量还要大3倍。这些有害物质对植物生长的危害性是非常大的，严重的情况下，甚至可能导致植物的生长受阻、最终死亡。

当然，在这个高速发展的社会现状下，完全杜绝车辆的行驶是不可能的。但是我们仍然可以在开车的时候尽量减少对环境以及植物世界的破坏。

现在的车上都有“ECO”的指示灯，当这个指示灯点亮的时候，就说明车辆处在节能的状态；当指示灯灭掉的时候，则处于非节能状态。而处在节能状态中的车辆的尾气排放量也要少很多。

所以，请点亮“ECO”，为构建绿色家园出一份力吧！

像天然的空气过滤器，时刻起着空气净化的作用。

丁香酚、柠檬醛等植物还能分泌出被称为植物杀菌素的具有极强的杀菌和杀死原生动物能力的挥发性物质。

夹竹桃、丁香、珊瑚树、厚皮香、大叶黄杨、女贞、洋槐、榕、构树、木麻黄等树种，还对二氧化硫等有害气体有较高的抗性和吸收能力，可供工业城市用来抗空气污染之用。

丁香对二氧化硫的抗性较强

植物与风的关系

空气流动会形成风。风虽然不是植物必需的生长因素，但它有吹散污染空气、调节气温、影响降水和土壤中水分蒸发等一系列作用，这些都会间接地对植物生长发育产生不同性质和程度的影响。

风对植物生长的影响

风对植物的影响主要决定于风的性质和风速。

●强度不大的风对植物有利。可以完成风媒传粉（如松、杉等）、传播种子（如松、杉、桉，槭等）等；吹走叶面附近蒸腾放出的水汽，有利于枝叶的散热降温，促进蒸腾和输导作用；吹走植物周围含二氧化碳较少的空气，换来二氧化碳较多的空气，提高植物光合作用的效率。

长期的单向强风非常容易造成树冠偏斜

●强度很大的干风对植物有害。会增加植物的蒸腾，使植物个体发生缺水状况，导致气孔关闭，影响气体交换，阻碍光合作用，甚至引起枯梢；大风还能摇动枝条，影响树液流动，吹落大量花果，甚至断枝折干，拔倒树木；长期的强风，会削弱树木的高生长和直径生长；长期的单向强风，则会造成树冠偏斜、材心不正、树干畸形等。

植物对风的反作用

森林是空气水平运动的强大障碍，对风能起减速消能作用。当气流遇到森林的阻挡时，一部分在森林前面向上升起，在森林上空前进，越过林冠后才逐渐下降；另一部分穿入林内，风力消散在林木的枝叶摆动上，风速很快减低。

植物有抗风的能力，这种能力的强弱因树种、年龄、密度、林木所处的环境条件、风的性质和风力大小而异。一般浅根性的树种、木材软脆的树种、老残林、疏林抗风能力较弱。在风害严重的地方，最好不要种植浅根和易折的树种，或用枝干坚韧的深根性树种进行混交和防护。

植物与土壤的关系

土壤是植物扎根的地方，供给植物所需的大量水分、养分和根系所需的空气、温度。

土壤在很大程度上决定着森林或作物的生产力，也影响着它们的更

新、生长和发育。同时，植物也对其生长环境中的土壤的形成、发育和肥力产生影响。

土壤理化性质对植物生长的影响

土壤水分过少时，不但不能满足植物正常生长的需要，还会由于好气性细菌的氧化分解过于强烈，使土壤有机质含量迅速减少；但如土壤水分过多，尤其是地下水位过高时，就会与空气互相消长而造成土壤缺氧，同时导致嫌气性细菌的还原作用活跃，某些无机盐被还原成不能利用的状态，并产生某些有毒的还原产物，使根系和种子容易腐烂。

土壤空气中的二氧化碳含量，要比大气中高几十倍甚至成百倍，这对植物是有利的；但土壤中氧的含量则低于大气，特别是积水或板结时可以不及大气中的一半，这就会影响根系呼吸和种子发芽。

土壤温度的变化，对于土壤中气体交换、水分蒸发和微生物活动的强度以及无机盐溶解和有机物分解的速度都有影响。土壤反应不但影响

适宜的土壤环境，可以令植物生长茂盛

着土壤微生物的种类和数量，而且直接影响土壤溶液的性质、成分。在碱性土中，磷、硼、锰等常因溶解度很低而显得缺乏，但钠盐却含量很高；在酸性土中，磷、钾、钙等缺乏而活性铁、铝过多。

由此可见，土壤的理化性质，对植物生长有显著影响。

土壤的理化性质与植物分布的关系

土壤的理化性质与植物的分布也存在着密切的关系。

每种植物都有一定的选择适应性，对土壤条件也有一定的要求。

例如，沙质土适于旱生植物生长，沼泽地适于湿生植物生长；马尾松、油茶等宜于酸性土而不耐钙质土，但油桐在石灰性土壤中却生长良好；红树、木麻黄、黄槿等可以在滨海盐土中正常生长。

掌握好不同植物对土壤的不同要求，就可以“适地适树”，并将一些适应性狭窄的植物作为特定土壤环境中的“指示植物”。

土壤的理化性质对于植物根系的影响

土壤的肥沃度、松紧度、厚度、地下水位、砾石层和新生体等，对植物根系的分布和生长都有着明显的影响。

同一种植物，种植在肥沃程度不等的土地上，其根量也会有较为明显的不同。

在密实土壤与疏松土壤上种植的同种、同龄的植物的呼吸强度也是所有区别的。

植物对土壤理化性质的反作用

植物是重要的成土因子。

在岩石风化的作用上，植物根系穿插的机械作用及其酸性分泌物的化学溶解作用，都是风化的重要动力。

在土壤发育的过程中，不同的植物覆被，可以形成不同的土壤类型。这是因为植物可借根系从土壤深层选择吸收某些无机养分，又以“死地被物”的形式归还土壤表层，造成了这些元素和有机质的重新积累和分布，加上在各地的水、温条件下，分解淋溶也不一样所致。所以，在寒温带的针叶林下常形成灰化森林土，在暖温带的常绿阔叶林下常形成棕色森林土和褐土；我国南方山地黄壤、山地红壤的分布，也是与一定的森林带密切相关的。

植物与生物的关系

无论在什么地方，植物都是在其它有机体——植物和动物的包围之中的，植物与植物之间、植物与动物之间都有着极为错综复杂的关系。

动物对植物生长的影响

动物对植物的影响，是多种多样的，有有害的一面，也有有利的一面。

动物对植物的有害影响

有些动物会危害植物生长、生存，如鹿、兔等喜欢吃树叶、幼苗、嫩枝或树皮，从某种程度上使森林的更新受到阻碍，甚至不能更新。

另外，某些植食性动物会经常性伤害某种或几种树木，这就非常容易改变森林的组成。

许多植食性动物会对植物造成致命伤害

鸟、鼠等则喜欢吃或贮藏各种果实、松柏类的种子、树木的幼芽；而冬季缺食

时，鼠类还会啃食幼树的树皮。这些对植物正常生长的危害都是很大的。

有些动物吃食浆果或核果，但因种壳坚硬或有蜡质，不能被动物消化，仍随粪便排出体外，堆积在植物附近或植株上，使其丧失发芽力。

无处不在的小型昆虫更是对植物为害严重。如豆象会使植物的种子品质变坏；根蝶类的幼虫会食害寄主植物的叶；有些昆虫还伤害木材。受了昆虫伤害的植物，也容易感受病菌或病毒的传染。

动物对植物的有益影响

动物是植物种子传播、植株授粉的媒介者之一。

鸟类啄食浆果时，植物的种子常会粘在其喙上，又因擦喙运动等原因而掉下，随后发芽、生长。许多草本植物的种子有刺、钩、芒、黏液或类似的构造，当动物在草丛中行走时，就会附在它们身上，令其帮助完成种子散布。

昆虫是许多植物传播花粉的媒介。一般说来，昆虫的躯体上通常有毛，在花中爬行时，雄蕊上的花粉，就擦到昆虫身上，当这只昆虫飞到另一朵花中爬行时，又把花粉授到柱头上，这样便完成了虫媒授粉的过程。

蜜蜂在采蜜的过程中，间接地为花朵完成了授粉。

此外，啄木鸟、寄生蜂和两栖类的青蛙、蟾蜍和爬行类的蜴蜥等，都能大量消灭害虫，减少昆虫对植物的破坏；蚯蚓能翻动土层，使土壤疏松、加速有机质的分解，间接地促进植物的生长发育。

植物对动物类群的反作用

植物群落的组成、分布和变化，对动物也有影响。

例如，低山丘陵区大面积营造松类纯林，往往会导致松毛虫大量发生；而西双版纳的森林曾因部分遭受破坏，引起大象成群结队地迁徙。

植物对植物类群的影响

植物相互间的关系，可分直接关系和间接关系两类。直接关系是一种植物对另一种植物，直接发生有益或有害的作用；间接关系则是通过环境条件的改变，对一种或多种植物发生影响。

●藤本植物的茎软而细长，必须缠绕或攀缘在支持植物的身体上才能上升。有些藤本植物能把支持植物的茎束缚得很紧，影响它的生长，严重的可致其死亡，因此称为森林中的“绞杀植物”，在热带雨林中较为常见。

●附生植物在热带、亚热带阴湿的森林中最为繁茂，其中蕨类和兰科植物很多。它们附着在高大树木的枝、干、叶或岩石上，虽然与附生的树木之间并不存在营养上的依附关系，但如果生长太多时，特别是地衣，也可妨碍树木通气，致使树木死亡。

●寄生在树木上的种子植物种类很多，它们依靠从寄主体内吸取营养为生，不同程度地为害寄主的生长发育。

●共生植物则是相互有利的，特别值得重视的是根瘤细菌和豆目

植物的根的共生关系。

根瘤细菌生活所需的有机物质取自豆目植物，又固定大气中的游离氮素供豆目植物利用，大大增强了豆目植物的氮素营养，互利作用非常显著。

趣味链接

寄生在树木上的菌类最主要的如多孔菌目，主要使木材腐朽。

树木幼苗可以受镰刀菌等侵袭发生枯萎病，叶上也可能有锈菌和粉霉菌等寄生。

其它植物如胡颓子、杨梅、罗汉松、木麻黄等的根上，也有类似的根瘤，不过这些植物的根瘤，是和放线菌共生的。不仅在种子植物的根里，九节木、紫金牛等热带植物的叶上也可以形成叶瘤。

除了上述直接关系以外，通过改变环境条件而相互影响的间接关系也不容忽视，例如幼林郁闭以后，引起林内光照条件改变，湿度、温度等各方面也发生相应的变化，林冠下的阳性植物就逐渐减少，阴性植物逐渐增多，进一步还可能对原有树种的天然更新产生影响，甚至能引起树种的更替。

第二章
Chapter 2

种类繁多的树木

树木是木本植物的总称，包含了乔木、灌木和木质藤本。树木不仅是我们生存环境中的绿色点缀，还是帮助我们降尘、减噪的天然屏风，是地球上不可缺少的生物类群。

中华大地上的千岁古木

我国幅员辽阔，所以拥有的古树数量堪称世界之最。根据相关统计，在我国境内树龄在300年以上的一级古树约有10万余株，而这其中更不乏千年古木。

黄陵古柏

在中华大地上，有一棵树一直陪伴着炎黄子孙经历风雨变迁的千岁古木——“黄陵古柏”。

相传，黄陵古柏是由黄帝亲手种植的，已有5000多年的历史。

黄陵古柏威严地矗立在黄帝陵东麓的轩辕庙中，周围还有15棵有2000多年树龄的古柏分列两侧，与其一同形成了浓荫蔽日之势。黄陵古

柏树高近20米，下围11米多，7人合抱有余，所以陕西民谚说“七搂八拃半，疙里疙瘩不上算”。

周柏齐年

在中国山西省太原市的城南25千米处，坐落着中国重点文物保护单位晋祠，在晋祠之中有一景被称作“周柏齐年”。

这一景色就是指一株有3000余年树龄的高大挺拔、苍劲雄伟的周朝时种植的侧柏。

趣味链接

在黄帝陵的“人文初祖”大殿西侧，还有一棵与黄陵古柏一样有名气的“汉武帝挂甲柏”。据传，汉武帝刘彻在征朔方归来的途中，曾经登上桥山祭祀黄帝，并将自己的战甲挂在这棵柏树上。

“汉武帝挂甲柏”的树身斑斑点点，有成纵向排列的无数小孔，就像是潜在树体中的无数断钉一样，实为群柏之奇。

千年古松

在广西贵县南山寺殿后的洞口峭壁上，有一棵被称为“不老松”的松树。这棵古松已经有3000余年的历史，且一直枝干挺拔、生机勃勃。人们常常借其祝福长辈长寿。

另外，南京工学院有一棵六朝松，已活了1400年。

而四川成都草堂公园的罗汉松也是非常有名的，据说这棵罗汉松是杜甫亲手种植的四松之一，至今有1200余年。

趣味链接

晋祠是我国著名的文化遗产，是为纪念晋王及其母亲邑姜而兴建的。晋祠集建筑、园林、雕塑等艺术为一体。

晋祠位于山西太原市西南悬瓮山麓的晋水之滨。晋祠内风景秀丽、环境幽静，素以雄伟的建筑群、高超的塑像艺术闻名于世。

晋祠中的景色很多，最著名的就是由难老泉、侍女像、圣母像组成的“晋祠三绝”。

千岁巨柏

近年来，在西藏高原发现了许多巨柏，其中有的达2300岁以上。

在江苏苏州吴县的司徒庙有四株古柏，分别名为“清”、“奇”、“古”、“怪”，各有特色，尤其是“怪”柏，曾遭受雷击，后又复活，历经风霜，仍发新枝叶。据推算，这4株古树已有1800余岁的高龄。

陕西勉县诸葛亮墓前有20多株古柏，皆为公元262年栽植，至今已活了约1750年。

在少林寺西北的初祖庵大殿前有一棵古侧柏，被称为“六祖柏”，是少林禅宗六祖慧能于唐初从广东带回栽植的，至今已1300多年，为少林一景。其树下有一道石碑，上面刻有“六祖手植柏从广东至此”字样。

松柏之中有很多长寿的个体

树木中的“大个子”

最高大的铁坚杉

铁坚杉，又名铁油杉、牛尾杉、大卫油杉，是一种古老的孑遗植物，为我国特有的植物种类。

铁坚杉属常绿乔木。树皮粗糙，暗深灰色；树体表面有较深的纵裂，呈薄片状剥落；叶小且扁平，呈条状。

铁坚杉是一种雌雄同株的树木，每年春日开花，秋日果熟。其果实呈圆柱形，被称为球果，成熟之时呈淡褐色或淡栗色，直立于枝条顶端。

铁坚杉性喜阳光，多生长在砂岩、页岩或灰岩的山地中。种植在我国南方红壤上的铁坚杉，最初的3年生长较为缓慢，之后生长速度会渐次加快。

铁坚杉如果在适宜的环境中生长，平均每年胸径可增加1厘米左右。按照这样的推算，其30年后就可成为栋梁之材。

铁坚杉喜欢热闹，不堪孤独，常与阔叶树混交成林，蔚为壮观。

最高大的柏树

柏树是一个庞大的植物系家族，在植物学中被称作柏木属。在这个家庭中共有20名成员，在我国境内主要有5种，多分布于秦岭及长江以南各省。

自古以来，柏树就是名胜古迹、园林寺庙中不可缺少的观赏树木。由于它的适应能力强，既可以忍受40℃的酷暑，又能耐-35℃的严寒，所以广布于大江南北。无论崇山峻岭还是河谷平川几乎都能见到它们的踪迹。

在号称世界屋脊的西藏高原上生长着一种柏树，它们高大挺拔，人们称其为巨柏。巨柏有着塔形的树冠，为我国西藏地区的特有植物种类。其中在雅鲁藏布江下游的林芝县金星乡生长的一株柏树，树高约50米、胸径约4.75米、材积约220～290立方米，如果用平均每车可装6立方米木材的卡车搬运，需三四十辆卡车才能将其真正运走。

据说，这株柏树已经生长了2000多年，是我国迄今发现的最高大的一棵巨柏。

趣味链接

1979年，植物科学工作者在湖北神农架林区发现了一棵硕大的铁坚杉，经测定，此树高达36米，胸围7.5米，折合木材约有60多立方米。这棵高大雄伟的铁坚杉成为当时我国所发现的最高大的铁坚杉。

到了20世纪80年代初，人们又在四川巫山县庙堂河谷发现了一株更为高大的铁坚杉。这棵树树高竟达50多米，胸径约为2.8米，其庞大的树冠的遮荫面积约达1000平方米。无人能够推算出这棵铁坚杉在世界上生存了多久，但其至今仍枝繁叶茂、郁郁葱葱，且每年都会抽新发芽、不见衰态，成为我国迄今为止发现的最高大、最古老的铁坚杉。

最大的榕树

榕树是我国华南地区重要的树木。当你初次见到它的时候，一定会惊讶不已，因为它除去中央的主干部分之外，还从侧枝上伸出许多离奇的气根，直扎入土中，远远望去，仿佛一片树林。晚唐时期最具影响力的诗人之一——许浑的“松盖环清韵，榕根架绿荫。”正是榕树的生动写照。

榕树除去有庞大的树冠、离奇的气根之外，在它身上还寄生和附生着许多其它种类的植物，如苔藓、石斛、兰草、藤蔓，这些植物的枝条从其寄生的大榕树个体的顶梢像头发一般披散下来，再钻入土中；其中一部分寄生植物还会缭绕盘结在大榕树的主干上；许多热带兰花也非常喜欢寄生在榕树上，它们一簇簇地点缀在大榕树的枝叉缝隙里，飘落下阵阵幽香，仿佛是天然架起的空中花园。

与其它植物共生的榕树还是小鸟们乐于栖居的场所。在广东新会县城东南10多千米的天马河上，有一个绿色的小岛。这个岛上就有这样一棵被称为“小鸟天堂”的巨榕，这棵榕树气势磅礴，浓荫蔽日，其庞大的树冠覆盖了约近万平方米地面，中间栖息着不可胜数的喜鹊、黄莺、麻雀、灰鹤、白鹤、黑鹤。这些鸟儿们进进出出、热闹非凡。

当年著名戏剧家田汉曾到此游览，被这棵大榕树的磅礴所感染，不禁赋诗曰：

三百年来榕一章，浓荫十亩鸟千双，

趣味链接

在广东省顺德县容奇镇桂州乡还有一座“树桥”奇观。

传说，约在200多年前，当地人考虑以木搭桥未必耐久，便在河边种了一株小叶榕树，并用大毛竹穿引其气根，延伸到河的对岸，共有3根。

后来，这3根气根渐渐长得越来越粗壮，人们便在上面铺搭了木板，变成为了一座异趣盎然的风景桥。

令人惊奇的是，这株榕树自身又伸出一条高出桥面约70厘米的、长约4米的气根跨向对岸，成了一道天然而又别具一格的桥栏杆。引得无数慕名而来的游客，为大自然的巧夺天工称赞不已。

共肩差许木棉树，立脚长依天马江。
新枝更比旧枝壮，白鹤能眠灰鹤床，
历难经灾全不犯，人间毕竟有天堂。

长相奇特的树木

马褂木

马褂木又称鹅掌楸，属于木兰科鹅掌楸属。

马褂木是生长在我国华中、华东、西南地区的一种叶形奇特、花朵美丽的著名的观赏植物。

马褂树的叶子形似马褂

马褂木的叶子平均长约十几厘米，与一般植物的叶子有很大的不同，其叶的先端或平截、或微微凹入，而两侧则有深深的两个裂片，型似马褂，因而得名马褂树。

马褂木的花朵外白里黄，极为美丽。

光棍树

光棍树的故乡在非洲，在我国光棍树主要生长在广东、福建一带。

光棍树的平均树高约七八米，无论是在什么季节其满树都是光溜溜的绿枝。因此人们称其为光棍树。

其实，光棍树并不是没有叶子，只是因为其原本生长在气候干旱的地方，因而为了避免水分的散失，其叶子进化的过程中变得非常的小，脱落的也非常的早，人们也就经常会忽略其叶子的存在。

光棍树的枝条是肉质的，具有白色乳汁。据生物学家分析，光棍树的乳汁里含有极为丰富的碳氢化合物。因此，光棍树被认为是最有希望的石油植物。

光棍树长相奇特，满树都是绿枝

铜钱树

铜钱树生长在我国淮河及长江流域一带，是一种落叶乔木。

铜钱树的平均树高约十六七米，叶长、呈卵圆形。铜钱树最为特别的就是其果实。铜钱树的果实生得十分别致，有两个弯月形的膜翅相互连结，中央包围着种子，远远望去，仿佛是挂在树枝上的一串串铜钱，迎风作响，因此而得名。

铜钱树属于鼠李科，和人们生活中常见和食用的红枣是近亲兄弟。

在我国陕西秦岭山区还生长着一种树木，外形酷似铜钱树，其果熟之时，也如串串铜钱，只是叶子由许多披针形的小叶构成一片大的羽毛状复叶。这种树木属于槭树科，人们叫它金钱槭。金钱槭数量不多，具有很高的观赏价值，因而被列为我国国家级保护植物。

长翅膀的树

所谓的长翅膀的树，指的就是生长在我国秦岭山区中的一种落叶灌木——栓翅卫矛。

栓翅卫矛的枝条呈绿褐色，硬且直。与其它植物不同的是，在栓翅卫矛的小枝上从上到下生长着2～4条褐色的薄膜，其质地轻软，如同我们平常所使用的软木塞一般，为木栓质。这些薄膜在栓翅卫矛的枝条上顺序排列，犹如箭尾的羽毛，又仿佛自枝条四周长出的翅膀。

栓翅卫矛属于卫矛科，其木材致密，白色而质韧，可制弓、杖、木钉用，其枝上的栓翅有助于血液流通，具有消肿的功效。

灯笼树

灯笼树是一种杜鹃花科的落叶灌木，主要生长在我国中部一带。

灯笼树平均只有2～6米高。每当夏日来临的时候，在其枝端两侧就会挂起十几朵肉红色的钟形花朵，有些人称其为吊钟花。

灯笼树的果实在每年的10月成熟。其果实呈椭圆形、棕色。

令人惊奇的是，灯笼树的果实果梗是向下垂着的，而先端却是弯曲向上的，因此结出的果实奇妙地成为了直立的状态。远远望去，就仿佛树枝上“举”满了一个一个的小灯笼。

灯笼树不仅在开花结果的时候具有很强的观赏价值，且花凋果落之后，其叶子还会变为浓红色，形成不似枫叶胜似枫叶的美景。

羽毛球树

羽毛球树生长在我国中部及西南部的一些山区里，是一种低矮的小树木，每年10月为其果熟时节。每当这时，远远望去，每株树上都挂满了一颗颗酷似羽毛球的果实，因此人们称它作羽毛球树。

羽毛球树属于檀香科，虽平均树高只有1～3米，但枝繁叶茂。

羽毛球树的果实直径仅有1厘米左右，但每个果实顶端都长着4根3～4厘米长的苞片，使整个果实看上去酷似羽毛球。

羽毛球树是一种半寄生的植物，它的一部分根会寄生在松、杉一类植物的根上。它自己生活需要的一部分养料就是靠吸收这些植物的养料获得的。

爱“流血”的树

一般树木在损伤之后，流出的树液都是无色透明的；有些树木如橡胶树、牛奶树等则会流出白色的“乳汁”状树液。但你恐怕无法想像树也可以流“血”吧。然而大自然就是这么神奇，自然界中也存在着和人类一样在受伤后会流“血”的树木。

有很多树木和人一样会流出红色的“血液”。

麒麟血藤

在我国的广东、台湾等地区，生长着一种多年生藤本植物，人们称其为麒麟血藤。

麒麟血藤通常会像蛇一样缠绕在其它树木上。它的茎长平均可以达10余米。如果将麒麟血藤的茎砍断或在上面切开一个口子，就会有像“血”一样的树脂流出来，这些“血”还会慢慢凝结成血块状的东西，成为非常珍贵的中药——“血竭”（也被称作“麒麟竭”）。经分析，血竭中含有鞣质、还原性糖和树脂类的物质，可治疗筋骨疼痛，同时具有散气、去痛、祛风、通经活血之效。

麒麟血藤属棕榈科省藤属。其叶为羽状复叶，小叶为线状披针形，上有3条纵行的脉。麒麟血藤的果实呈卵球形，外有光亮的黄色鳞片。除了麒麟血藤的茎之外，其果实也可流出血样的树脂。

龙血树

在我国西双版纳的热带雨林中生长着一种外表看似很普遍的树木——龙血树。

虽然从外形上看，这种树并没有什么特别之处，但是它也是一种会“流血”的树木。

当龙血树受伤之后，会流出一种紫红色的树脂，把受伤的部分染红。这块被染的坏死木在中药里也被称为“血竭”，与麒麟血藤所产的“血竭”具有同样的功效。

龙血树属百合科乔木。虽然平均树高只有约10米，但其树干却异常粗壮，胸围常常可达1米左右。

龙血树的叶片带白色、呈长带状，其叶的先端尖锐，仿佛一把把密密层层地倒插在树枝顶端锋利的长剑。

通常情况下，单子叶植物长到一定程度之后就无法再继续加粗生

长了，但显然龙血树是一个例外。龙血树虽属于单子叶植物，但它的茎中薄壁细胞具有其它单子叶植物钦羡的本领——不断分裂，这种细胞的分裂使龙血树的茎可以逐年加粗并木质化，最终形成乔木。

龙血树原产于大西洋的加那利群岛。全世界共有150种，但生长在我国境内的约只有5种，并且大多数都分布生长于云南、海南岛、台湾等地。

龙血树还是一种长寿的树木，据说最长可活6000岁左右。

胭脂树

在我国云南和广东等地生长着一种被称作胭脂树的树木。如果把它的树枝折断或切开，就会流出“血”一样的液汁。

胭脂树属红木科红木属，为常绿小乔木。胭脂树的平均树高约只有3～4米，极少数个体可以在适宜的环境中生长到10米以上。

胭脂树的叶子大小、形状都与向日葵叶极为相似。其叶柄很长，叶背面有红棕色的小斑点。

胭脂树的花是非常奇特的，它们就像是被画家随心所欲地上了颜色一般多种多样。胭脂树的花有呈红色的、有呈白色的、有的仿佛包了一层蔷薇色，多样的花色让胭脂树的花显得十分美丽。

胭脂树的果实也与其“红木”的名字一样是呈红色的。在其果实的外面密被着柔软的刺，里面藏着许多暗红色的种子。

胭脂树围绕种子的红色果瓤也可作为红色染料来渍染糖果；也可用于纺织，为丝绵等纺织品染色。其种子还可入药，为收敛退热剂。树皮坚韧，富含纤维，可制成结实的绳索。

材貌双全的楸树

自古以来，楸树就是著名的观赏树木，无论是在大江南北的古寺老庙还是名园胜景中都可以见到它的身影。

楸树长得高大秀丽、雄伟挺拔。它的花较大，形状如钟，白色的花冠上缀着紫色斑点，奇趣横生。每年春暖花开时，楸树就会花开满树，繁花随风摇曳，令人赏心悦目；到了秋日果熟时节，枝叶间挂着许多一尺左右长的长角蒴果，琳琅满目，又形成了另一番风趣。

楸树不仅貌美，其木材更为出众。在我国著名的古代农学著作《齐民要术》中，贾思勰就曾记述楸木的用途说：“车板、盘盒、乐器，所在任用，以为棺材，胜于松柏。”简单几句，精炼地总结了楸树木材的坚韧、致密、纹理美观、不易翘裂。在现代，楸树木材既是优良的家具用材，又广泛被用于建筑、造船、桥梁、工艺雕刻上；此外，其叶、树皮、种子皆可入药；

趣味链接

近年来，我国的植物学科学工作者用楸树的嫩茎培养试管植物获得成功。

科学家们将部分试管苗由江苏省南京市运往连云港市的两个林场扦插定植，成活率十分理想。

这一研究为快速繁殖楸树这一名贵树种作出了极大的贡献。

叶可作为草食家畜的饲料；花不仅可以炒食，还可浸提芳香油。

楸树是非常优质的城市绿化树木，它不仅能抗二氧化硫、氯气等有毒气体，还具有较强的吸滞灰尘和粉尘的能力。自古就有许多城市将楸树作为行道树来种植。梁元帝曾有诗曰：“西接长楸道”。《洛阳伽蓝记》也有云：“修梵寺北有永和里，里中皆高门华屋，斋馆敞丽，楸槐荫途，桐杨夹植，当世名为贵里。”

楸树喜欢生长在肥厚、湿润的土壤中，在轻盐碱地（含盐量0.10%以下）也能生长。楸树结实很少，且种子型小，所以采收较为困难。加之楸树的发芽率并不是很高，所以用种子繁殖不多。幸在楸树的根蘖和萌芽力很强，所以人们通常都是用分蘖、埋根、嫁接的方法为其进行繁殖。

“三年平檐头”的桉树

在我国南方，有一种生长极为迅速的树木——桉树。它的种子虽只有谷粒般大小，但只要遇到适宜的土壤，就能很快生根发芽。头一年就能长至3～4米高，有的甚至可高达7米多；不消五六年，就能超过15米。因此，民间流传着这样一句话：“一年高如牛，两年高上楼，三年平檐头。”

有人作过观测记录，发现幼年的桉树平均每年胸径可增加2厘米甚至更多，比杨树、柳树、臭椿、泡桐等其它速生树种的生长速度还要快。

桉树的木材在生长的最初10年，年平均生长量为每公顷10～90立方米，比栎树、山毛榉、无患子和千金榆等高到10倍。从单株木材生长量来看，一株15～20年的桉树，能抵上30～40年的杉木、40～50年的马尾松、60～80年的麻栎、100～140年的红松。所以桉树是我国当之无愧的生长最快的树木。

桉树为热带常绿乔木，属于姚金娘科桉树属。桉树是一个庞大的家族，其家族的成员约有500多。

桉树原产于澳洲，大约在19世纪末引种在我国。目前我国境内大范围种植的桉树约有四五十种。其中主要的有柠檬桉、蓝桉、大叶桉、美丽桉、赤桉、细叶桉等，多分布在我国台湾、福建、广东、广西、云南、四川等地。其中大叶桉是最常见和栽培最广的桉树种类。

桉树因为生长迅速，所以长得很高。据说，在原产地澳洲，有一种杏仁桉可以长到150米以上，差不多有四五十层楼房那样高，其直径大约有12米左右，需要20多人手拉手才能勉强将其围起来。更为奇特的是，当地有很多人会干脆将桉树的树洞作为自己的安身之所，或是用桉树的树洞来饲养牲畜、贮藏物品。

桉树不仅树干挺拔通直、树姿秀丽、树冠浓郁，而且枝叶芳香可驱虫灭蚊、净化空气，所以是非常优质的绿化和观赏树木。

桉树枝干挺拔、生长速度快

“勇斗”大火的木荷

森林火灾一直是破坏森林植被的最大元凶。人们为了与森林火灾对抗一直不断地做着努力，并付出了巨大的代价。

在与火魔长期的斗争中，人类探索出运用森林自身阻止大火蔓延的方法，这就是绿色植物阻隔法。担此重任的植物，从花草到树木，品种众多，其中有一种名叫木荷的乔木更是“勇斗”森林之火的佼佼者。

木荷通常生长在我国南方地区，也被称为伍树、和木等。

木荷的含水量非常大，其树体总质量的43%左右都是水分，其生长

火灾一直是森林植物的大敌，木荷是非常好的抗火树种。

旺盛的树体部位的平均含水量甚至更多。同时，木荷树的油脂含量很少，仅为6%。这就为木荷“斗火”提供了天然的个体条件。

如果将木荷以防火林带的方式种植，当森林大火烧到这种防护林带时，大火就会自行熄灭。据相关数据显示，当森林大火降临时，靠近火焰的木荷大约只有30~50%的树叶被烤焦，但树身绝不致烧死。而具有超强生命力的木荷还具有极强的“伤口”愈合能力，其被烤伤的树枝第二年又可以萌发新叶。

木荷是专家极力推荐的用来防止森林大火的重要树种，被一些专家称为“抗火树”。

“吐汁”灭火的梓柯树

梓柯树被人们称为是天然的“消防树”。

梓柯树的节苞中具有一种含有灭火的物质——四氯化碳的液体，火焰一旦碰上它，就会很快熄灭。

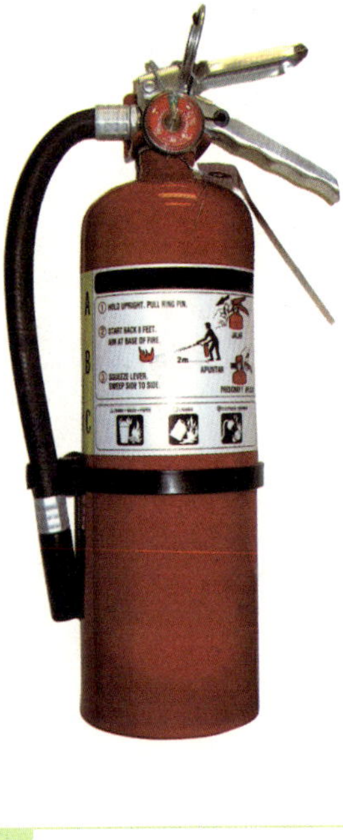

梓柯树是一种生长在非洲安哥拉的高约20米的四季常绿树木。这种树高大雄伟，枝繁叶茂。

梓柯树的叶片细长，通常都是向下垂挂的。梓柯树的叶子通常会把全树围得密不透光，在浓密的树杈间藏有一只只像馒头大的节苞，这些皮球大小的节苞就是梓柯树的“天然自动灭火器”。

梓柯树的这些节苞并不是它的果实，而是“自卫”的武器，在它的外表下，有无数网状小孔，里面装满透明的液体。梓柯树的这些节苞非常害怕见到光亮，一旦被太阳光或火光照到，里

梓柯树是天然的植物“灭火器”。图为灭火器。

趣味链接

有人曾经想要测试一下梓柯树对于“火”的灵敏度，并判定其在灭火方面的实际作用。

于是，这个实验者决定在梓柯树下用打火机点燃烟的测试方法，但是当打火机的火光刚刚开始闪动的时候，一条条白色的浆液就从梓柯树的节苞中向他射来，结果自然是烟还没有被点燃，实验者就已经被喷得满面白浆了。

面的液体便会不受控制地从细孔中喷射出来。

科学家曾在节苞的启示下成功设计出了一种微型的自动灭火器。

“臭名远播”的臭椿

人们总是在赞美松柏，歌颂杨柳，但对名为臭椿的数目却是极为不屑一顾的。这是为什么呢？

原来这种叫做臭椿的花、叶、嫩枝都散发有一股极为怪异的气味，让人非常的受不了，所以致使声名狼藉。

但臭椿似乎并不在乎人们对它的评价，它依旧我行我素、随遇而安。或许不知道哪一天，在自家的院墙角落里就会突然冒出一棵小树苗，就算没有人去光顾它，它也可以在个把月的时间里长成一棵1米来高的小树，不用问、不用看它

一定是臭椿树。因为只有臭椿树才会如此。

臭椿树的生长速度是非常快的，通常一棵二三年左右的臭椿树已经能够成荫蔽日了。如果遇上深厚、肥沃的土地，一株10～15年的臭椿甚至可以长到20余米高。因而，是生物学家极力推荐的优质的速生树种。

臭椿属苦木科的落叶乔木，树皮较光滑，叶卵状披针形，先端渐尖。果实是长圆形的，有3～5厘米长，中部藏着一个扁平的种子，两旁轻而薄，仿佛是种子的翅膀，因此被称为翅果。每年的9～10月，是臭椿的果熟时节。臭椿的果实会随风飘向四方，只要遇到稍为适合的环境，它就会落地生根，以其作为自己的生长地盘，哪怕是墙角、砖缝，都无法影响其壮大成长的信心。臭椿不需要人的任何照顾、怜悯，只要扎下根就会不懈向上、勇往直前，不在乎别人眼光地奋力成长。

过去，人们一直把臭椿视为劣木，认为其树干疏松、枝叉弯曲只能用作柴薪之用。但植物学家们对此却有不同的看法，植物学家们站在科学的角度上，为臭椿做了平反。植物学家指出，臭椿的树干通直高大、树冠开阔、叶大荫浓，是很好的绿化树种。

同时，臭椿的材质坚韧且具有弹性、纹理直且明显、纤维长且易于加工，另外还具有耐腐蚀、有光泽等特点，所以是非常适宜作家具、农

具、建筑材料的优质木料；而臭椿的种子中含20～35％的半干性油，可食用或制肥皂；其树皮、根皮、种子均可入药，具有清热、收敛、止痢之功效；臭椿的叶子也可用来喂养椿蚕，经水煮后还可食用。

木质柔滑的牙刷树

牙刷树是生长在非洲西部热带森林里的一种叫“阿洛”的树。这种树是一种天然的优质刷牙用具。

牙刷树的树木质纤维疏松而富有弹性，就像刷牙上的软毛一样，而纤维孔内则含有一种乳状分泌物，恰似牙膏。如果将树干或枝条锯下来，削成牙刷柄长短的木片，用来刷牙，牙齿就可以被刷得雪白。

由于这种木片放进嘴里，很快会被唾液浸湿，这时顶端的纤维马上散裂开来，犹如牙刷上的“鬃毛”，因此得名“牙刷树”。

无独有偶，在非洲东部的坦桑尼亚也有一种“牙刷树”，比前一种更胜一筹。它是一种乔木，树枝的纤维很柔软且富有弹性。人们只要将树枝稍稍加工，就可以做成理想的天然牙刷。用它刷牙，不必使用牙膏也会满口泡沫。因树枝里含有大量的皂质和薄荷香油，不仅能够将牙齿刷得干干净净，而且还具有清凉爽口的功效，使人倍感舒适。

“牙刷树”的枝条就是天然的牙刷

树大年高的茶树王者

我们通常见到的茶叶一般都是由茶树上的幼嫩叶片经炒制以后而成的。

茶树是一种常绿的灌木或小乔木，属于茶科、茶属。

茶树是一个庞大的家族，全世界大约有200多种，而仅在我国就有约有190种。因此，我国又是目前全世界种植茶属植物最多的国家。

在我国境内的茶种植主要分布在我国云南省，因此又有“云南山茶甲天下”的说法。云南地区不仅茶树种类繁多，而且名品济济。我国一些古老高大的名茶树几乎都出自这里。

我国有着非常悠久的茶树种植历史

在我国云南省西双版纳傣族自治州勐海县南横山村，有一棵大茶树，其高约5.40米，主干周径约1.40米，树冠面积约为110平方米。根据哈尼族的相关历史资料记载，这株茶树中的大个子已种植了800余年。这株被当地人称为“茶树王”的茶树，至今依然枝繁叶茂、生命力蓬勃，每年人们都可在这棵茶树上采到一批鲜叶。

在云南省普洱县还有一棵茶树，高达13米，胸围约3.2米。相传，这株茶树约有1700岁的树龄，是我国现存的有史可证的最为古老的一棵茶树，同样也被称为是“茶树王”。

虽然我们上面说的这两株茶树都被称为是“王者”，但在茶树家族中，它们却不是最高大的。

在我国云南省勐海县巴达乡的原始森林中，人们发现了一株茶树“巨人”，这棵茶树高约32米，胸径约为1米。根据相关的科学鉴定，这株茶树“巨人”是我国迄今为止发现的最高的茶树。

另外，在我国四川省南川县德隆乡华林村也有一株非常有名的茶树。这株茶树的树干周径是1.76米，在距地面3米处长出3个分枝，分枝1～12米、径粗20～30厘米。这株茶树的树干光滑，呈深灰色，冠幅达6米。这棵大茶树，平均年产鲜叶120～140斤，茶子20～30斤。用这棵茶树上采集到的优质茶叶泡制的茶更是清香味浓。

天然涂料树种——漆树

漆树是一种高大的落叶乔木，叶卵形，由7～15个小叶合起来构成一个大的复叶。

漆树的花较小，通常呈淡黄绿色。每年5～6月间，漆树的枝上都会抽出疏散而下垂的圆锥花序，到了秋日，就会结出串串淡黄色的十分美丽的果实。

漆树的树皮在幼时会呈灰白色，较滑；成熟后，颜色则会变浅并出

趣味链接

在我国河南省南吕县乡转角石村的一座海拔1490米的山上，生长着一株大约有80岁树龄的高大漆树。这棵漆树树高约为15米，主干周1.77米，有5个骨干枝。

这棵高大的漆树是非常有名的产漆能手。1980年时，人们曾经在其身上割漆8斤，1981年停割，1982年又割漆6斤。

当地的漆农说，通常一株漆树仅能割几两，就算是平均产漆量较大的也不会超过一二斤，像这样高产的漆树是不多见的。

现纵裂。

在漆树的枝内含有乳白色的漆液。从漆树上刚流出的漆液是白色的，经空气氧化之后就会变为褐色、紫红色或者黑色。

漆树是我国特有的数目品种。在我国漆树资源十分丰富，并且分布范围也是非常广泛的。北自辽宁，南至两广、云南都可以看到漆树的身影。其中尤以湖北、湖南、四川、贵州、陕西等省的种植数目最多。

漆树的适应性是非常良好的，它们一般最高可以生长在2500米的高山上。漆树生性喜欢阳光、不耐庇荫，特别喜欢生长在温暖湿润的气候及深厚肥沃且排水良好的土壤中。

在适合生长的地区中，漆树通常生长较快，一般15年生的漆树的树高就可达8米左右，胸径可达40厘米左右。

一般情况下，当漆树长到5～8年，其胸径达到15厘米左右的时候就可以采割漆液。漆树通常在40岁树龄以

漆树上流出白色漆液氧化后就会变为褐色、紫红色或者黑色。

后开始渐渐衰退，平均寿命能活到70岁以上。

漆树全身是宝。漆树的木材通直、美观耐腐，可用作家具、装饰品等的用材，也是桩木、坑木的重要用材；漆树的花是优良的蜜源；果皮可制取漆蜡；漆蜡是制造肥皂、蜡烛、雪花膏、香皂和甘油的重要原料；漆树的种子可以榨油，供油漆及食用；而干漆可药用，治风湿痛、月经不调、丝虫病和蛔虫病；漆树的根也可用于治跌打损伤；漆花解小儿腹泻。

趣味链接

会“咬人”的漆树

有许多人都称漆树为“会咬人的树”难道说漆树也长有嘴巴吗？原来漆树能分泌一种刺激性的物质，一些敏感的人一旦碰到，皮肤就会产生反应，轻者出现斑疹，重者红肿溃烂，数日不得痊愈，因此漆树虽美，园林中却不多见。

另外，漆树的叶子每到秋天就会变为红色，十分美丽，极具观赏性，因此漆树也是有名的观赏树木。

贵妃的最爱——荔枝树

长安回望绣成堆，山顶千门次第开。

一骑红尘妃子笑，无人知是荔枝来。

荔枝曾经是帝王为博贵妃一笑的极品植物。在《后汉书·和帝纪》中有这样的记载：“旧南海献龙眼、荔枝，十里一置，五里一候，奔腾险阻，死者继路”。由此可知，当时的统治者穷奢极欲到何种程度，也说明荔枝自古就是最名贵的水果。

荔枝树在我国的栽培历史是非常悠久的。自《汉书》起，历代农医书如《三辅黄图》、《南方草木状》、《齐民要术》、《嘉祐本草》、《图经》中都有关于荔枝树种植的记载。

在陕西乾县唐中宗时永泰公主墓内的石椁线雕画中，有一侍女双手捧着一盘荔枝，是迄今发现的最早的有关荔枝的形象资料。因此，可以

趣味链接

日啖荔枝三百颗，不辞长作岭南人。

——苏轼《惠州一绝》（宋朝）

推知，我国至少在秦汉以前就开始栽培荔枝树了。

荔枝树属于无患子科荔枝属，为高大常绿乔木。通常荔枝树都可长到20米高。

诗人白居易曾经在其所作的《荔枝图序》中说道："荔枝生巴峡间，树影团团如帷盖，叶如桂，冬青；花如橘，春荣；实如丹，夏熟；朵如葡萄，核如枇杷，壳如红缯，膜如紫绡。瓤肉莹自如冰雪，浆液甘酸如醴酪。"白居易以其对荔枝的喜爱，将荔枝树的形态特征从表及里地进行了淋漓尽致的描述。

荔枝树原产于我国南方，以广东、广西、福建、四川、云南、台湾等地栽培最多。

荔枝树可说是世界上最长寿的果树之一。

在福建省境内就有许多古荔枝树；而在海南岛的雷虎岭及廉江谢山，至今仍有纵横十余里的原始荔枝林；福州西禅寺中生长着一株唐代"俨荔枝"树。

在莆田县城原宋代一庭院内生长着一棵被称作"宋香荔枝"的枝繁

叶茂的荔枝树，相传这株荔枝树是唐代遗留下来的，至今虽已1300多岁。这棵树最大周长为7.1米，树冠高6.43米，可说是我国迄今发现的现存的最古老的荔枝树。已经被莆田县列为重点保护文物。

趣味链接

《荔枝诗》

——唐·薛能

颗如松子色如樱，未识蹉跎欲半生。
岁杪监州曾见树，时新入座久闻名。

荔枝树的品种很多，大约有100多种。在我国最早的关于荔枝树种植的专著是宋代蔡襄编撰的《荔枝谱》，在这本书中就已经记录了32个品种的荔枝树种植的相关资料。到了明代的时候，已增加至70多个。

在我国最出名的荔枝树品种有早熟的“三月红”、“黑叶”，中熟的有“白腊”，迟熟的由“米云米糍”、“桂味”等。另外还有核大味甜的“大荷包”，甜带蜜味的“妃子笑”、“蜜荔枝”、“一家吃荔，

三家闻香”的古老品种“丁香细荔”，以及广西苍梧的“古风荔”等等。

荔枝树是用途非常广的果树。鲜荔枝曾是历代向皇帝进献的上层贡品，不仅味美，而且有养血、止渴、消肿等药用价值；其果核、花、根均可入药；荔枝树木材坚实，可制器具；此外，荔枝树四季常青，浓荫如盖，树姿优美，尤其夏日果熟之日，紫赤色的果实挂满枝头，犹如落霞一般，是园林绿化和经济效益两相兼顾的优良树种。

趣味链接

《荔枝诗》

——五代·梁崇

露湿胭脂点眼明，红袍千颗画难成。
佳人胜尽盆中味，无意偏教岭外生。
桔柚远渐登贡席，盐梅应合共和羹。
金台若有栽培地，须占人间第一名。

“七绝”果树——柿

金桂飘香柿子红，霜降采摘正秋风，
润肺宁咳称佳品，健脾统摄诚良种，
常人但羡甘涩味。岂知花蒂救治功，
最应叶片烹茶饮，他年喜添鹤龄翁。

这首“柿颂”讲的是柿子能润肺宁咳、健脾养胃，有使人延年益寿之功效。

柿子树除了有药用价值外，还有很多令人称赞的地方。唐代《酉阳杂俎》，把柿树赞为七绝：“一寿，二多阴，三无鸟巢，四无虫，五霜叶可玩，六嘉实，七落叶肥大，可以临书”。

其实，柿树不止七绝。柿树的皮可烧灰调以植物油治疗烫伤；柿饼上被称为柿霜的白霜，可治咽喉干痛、口舌生疮、肺热咳嗽和咯血等症；柿树木材致密，纹理美观，可制珍贵器具。再加上柿子树的枝叶繁茂，夏日遮天蔽日，秋日红叶如醉、丹实似火；即使落叶之后，橙红色果实依然挂于枝上，观赏价值极高。因此，柿树可谓园林、庭院中兼具经济效益的最优质的观赏树种。

柿树最为人们称绝的就是它的果实。柿子是大众型果品，其营养价值很高，含有丰富的葡萄糖、维生素C、胡萝卜素及钙、磷、铁等矿物质。由于柿子易于贮存，又能耐饥，因此在荒年甚至可以作为粮食来食用。因为柿树的产量一般都很高，所以其价格并不是很贵。

我国野生柿树分布很广。在汉代时，人们已经把一种野生柿树栽培起来，就是当今常说的黑枣（又称君迁子、软枣、羊枣等），后来经过嫁接才有了真正的柿树品种。目前，我国已知的柿树品种约有300余种，其中陕西富平的尖柿和升府柿，河北、陕西、山东一带的盖柿，杭州古荡的扁花柿，湖南隆回的腰带柿，广东的牛心柿等最为有名。

柿树属于柿科、柿属，是一种落叶乔木。柿树是我国特有的果树品种，在我国的栽培历史是十分悠久的。目前柿树在全世界范围内都有种植。日本是最早引

趣味链接

刚摘下的柿子因含单宁过多，因而很涩。对此民间总结出了很多脱涩的方法。

在晋代的《食经》中有过这样的记载："柿熟时，取之；以灰澡面三。度干、令汁绝。著器中，经十日可食"。这样脱涩的柿子脆甜可口，称为醂柿，至今仍在沿用。

另一种方法是将柿放入坛或盆中，注以温水，置灶旁，数日后即可食。

近些年，人们常把数斤柿子放入一塑料袋中，加入几只梨，或滴入少许白酒（酒精）将口扎紧，数日之后，即可食用。

进中国柿的国家；大约在19世纪后半叶，又开始传入欧洲。

柿树非常喜欢阳光，在北方地区种植的柿树可耐旱，南方地区种植的品种一般都能够耐一定水湿。

柿树的寿命相当长。一般在嫁接之后4～6年开始结果，15年之后达到盛果期。有些柿树到100岁时仍能丰产，300岁时依然结果累累。

绮丽的“生命之树”

椰子树属于棕榈科，椰子属，为常绿乔木。

椰子树的平均树高可达15～35米。其果实称为坚果，每10～20个聚生在一起，最长的部分可达15～20厘米以上，可说是我国最大的干果。

椰子树一般要5～10年才开花结实，生产期可维持100年以上。每株椰子树平均结果60～100余个。每100个椰子树果实，可以出油18～22斤，平均每亩产油约56～150斤。

椰子树在我国的栽培历史是十分悠久的，大约有2000年以上。在晋代嵇含的《南方草木状》、刘欣期的《交州记》和《南越笔记》等古文献中都有关于椰子树的种植记载。

椰子树原产于亚洲的亚热带地区，我国海南岛就是其原产地之一。目前，在我国境内主要分布于海南岛、西沙群岛、云南西南部和台湾等地，其中以海南岛为最多。

海南岛的气候、雨量、土壤对椰子树的成长都是俱佳的，因此这里可以称为是椰子树的天然“乐园”。尤其是海南东南部的文昌、琼海、万宁、陵水、三亚等沿海地方，皆为著名的椰子树种植区。

椰子树是热带地区独特绮丽风光线，被人们称为是“生命之树”。

椰子树喜欢高温多雨的生长环境，适于生长在土层肥厚、排水良好的海岸、河口。

椰子树通常都是用种子繁殖的。人们一般都是选用其果实中圆形、中等大小的熟果作种。将其置于庇荫之处，待其发芽之后，再移入栽培地的土壤中。

椰果的果肉乳白可口，香味迷人，除直接食用之外，还可以加工制作呈椰蓉、椰子酱、糖果、点心；也可榨油，供食用或制造人造奶油、高级肥皂、蜡烛、化妆品、洗发液、牙膏、合成橡胶、油漆、润滑油等等。

椰果中的椰汁含糖约4%，还有少量的蛋白质、脂肪、钙、钠、镁、钾、铁、磷、维生素C等矿物质，是清凉甘美的饮料，也可发酵制酒造醋。在椰肉周围的纤维被称作椰衣，这些纤维可制成绳索、渔网、风

帆、地毯、刷子、扫帚以及各种填充材料。

椰子坚硬的椰壳可制碗、勺、碟等日用品及乐器，还可以雕刻成图案多样的椰雕工艺品；干馏之后，可制成高质量的活性炭，磨碎又可变成木材防腐剂与火药。

在椰树的花序尚未开放之时，可以割取椰花汁。这是一种极为甘甜的饮料，同时又可熬糖和制酒、造醋。

在我国的广州有很多人还会将椰子果实悬空吊挂，待其发芽，用以观赏。

“哈哈大笑”的笑树

非洲的卢旺达首都基加利有一个著名的芝密达哈兰德植物园，园中有一种会发出“哈哈”的笑声的树。

这种树是一种小乔木，平均的树高约为七八米。其树干通常都是呈深褐色，叶子呈椭圆形。

在这种树的每根丫杈间，都长有一个跟小铃铛非常相似的皮果，这些皮果的内部是空腔，生有许多小滚珠似的皮蕊，能自由滚动；皮果的外壳，长满斑斑点点的小孔。风吹枝动，这些“小铃铛”也会随风飘摇，“铃铛”中的皮蕊在空腔内滚动，不断撞击薄且脆的皮果的外壳，发出与人的笑声极为相似的“哈哈”的声音，所以当地人把它称作“笑树”。

笑树这种会笑的功能，被巧妙地利用起来。人们将其种植在田地之中，每当鸟儿飞来的时候，听到阵阵的“笑”声就会以为是人来了，于是不敢轻易降落，从而保护了农作物不受损害。

生命力顽强的樟树

樟树又名香樟、乌樟、芳樟，属樟科常绿大乔木。

樟树的个头在树木中算是比较大的，平均树高可达四五十米；樟树的叶为互生，有革质，呈卵形；叶面多为深绿，有光泽，背面为青白色，入秋变为鲜红色或橙红色，娇艳可爱。

樟树一般在初夏时开黄绿色小花。其花为圆锥花序。8~11月成熟，结球形果，紫黑色。

樟树性喜阳光，稍耐荫；适宜温暖湿润的生长气候，耐寒性不强；对土壤要求不严，较耐水湿；不耐干旱、瘠薄和盐碱土。

樟树的主根通常都很发达，深根性，能抗风。樟树的萌芽力较强，耐修剪。生长速度中等。树形

趣味链接

在我国，有着非常悠久的培育樟树的历史，因此生长着非常多的古樟。

例如，广西全州锦塘山谷有棵樟树，高30米，胸径6.6米，树冠覆荫达10多亩，已有2 000多岁。各地还有“唐樟”、“宋樟”等古樟。

巨大如伞，枝叶繁茂、浓荫蔽日、树姿雄伟壮丽。

樟树的存活期长，可以生长为百年乃至千年的参天古木。具有很强的吸烟滞尘、涵养水源、固土防沙和美化环境的能力；此外，抗海潮风及耐烟尘和抗有毒气体的能力也很强。因此，樟树是营造园林、防风林的理想树种。

樟树在我国主要分布于长江流域以南各地，尤以台湾省为最多。我国台湾也是世界上种植樟树最多的地方，从海拔500~1800米，形成特有的樟树带，占全岛面积的2/5；樟脑的产量占世界的70%左右。

樟树是我国重要的经济树种，木材纹理细致，具芳香、能驱虫。樟木非常耐湿，且容易加工，被广泛用于建筑、造船、家具、箱柜、雕刻等方面。

另外，樟树还可提制樟脑、樟油，是医药、化工、香料、防腐、农药的重要原料。樟树的种子可榨油，是制肥皂的良好原料。樟树的叶可喂蚕，由此产生的樟蚕丝更是编织鱼网的上好原料。

名贵的“中华第一材”

楠木是非常昂贵和高档的木材，其色浅橙黄略灰，纹理淡雅文静，质地温润柔和，无收缩性，遇雨有阵阵幽香，因此深受人们的钟爱。

楠木为大乔木，平均树高可达30余米；其树干通直；芽鳞被灰黄色贴伏长毛；楠木的小枝通常较细，有棱或近于圆柱形，被灰黄色或灰褐色长柔毛或短柔毛。

楠木的叶片为革质，通常呈椭圆形，少为披针形或倒披针形；其叶长一般为7~11厘米，宽2.5~4厘米；叶片的先端渐尖，尖头直或呈镰状，基部楔形，最末端钝或尖；叶柄细，长1~2.2厘米，被毛。

楠木的花为聚伞状圆锥花序，十分开展，被毛，长7.5~12厘米，纤细；每伞形花序有花3~6朵，一般为5朵；花中等大，长3~4毫米，花梗与花等长；花被片近等大，长3~3.5毫米、宽2~2.5毫米；花外轮呈卵形，内轮卵状多为长圆形，先端钝，两面被灰黄色长或短柔毛，内面较密；第一、二轮花丝长约2毫米，第三轮长2.3毫米，均被毛；子房球形，无毛或上半部与花柱被疏柔毛，柱头盘状。

楠木的果实多为椭圆形，长1.1~1.4厘米，直径6~7毫米；果梗微增粗；宿存花被片卵形，革质、紧贴，两面被短柔毛或外面被微柔毛。

楠木在我国久负盛名，楠木一直是历代封建帝王在建筑宫殿和陵寝时的首选之材。楠木广泛分布在南方各地，历来被人们视为建筑良材。尤其是这类木材具有其家族——樟科的传统，香气袭人、虫不蛀、菌不腐、经久耐用，常用来制作高级家具、器具和建筑的梁柱及棺木，被称为“中华第一材”。

楠木不仅材好，而且树姿雄壮，枝叶森秀，终年常绿，不论生于山间还是栽于庭前、屋后，均使人感到蔚然可爱，而且有防风、防火之效，深受产地群众喜爱，尤其备受佛门、道家的青睐。

在我国古代，庙宇、宫观附近栽楠之风很盛。

正如唐代史俊在《题巴州光复寺楠木诗》中赞美的：“近郭城南山寺深，亭亭奇树出禅林。”如今，在成都武侯祠内、杭州灵隐寺中，尚有楠木大树，老干参天、浓荫覆地。

楠木经常被用来制成高级家具

“林海珍珠”——银杉

银杉，是第四纪冰川残留下来的植物种类，为中国特有的世界珍稀物种之一，是植物界的活化石，被植物学界誉为“林海里的珍珠”。银杉和水杉、银杏一起被称为我国植物界的“国宝”，目前是我国国家一级保护植物。

银杉属裸子植物、松科，是一种常绿乔木。银杉平均树高可达24米，胸径通常达40厘米，一部分甚至能够达到85厘米；银杉树干通直，树皮暗灰色，裂为不规则的薄片；银杉具有开展的枝条，小枝上端和侧枝生长缓慢，通常呈浅黄褐色，无毛，或初被短毛，后变无毛，具微隆起的叶枕；芽无树脂，芽鳞脱落。

银杉树的叶子通常呈螺旋状排列，辐射状散生，在小枝上端和侧枝上排列较密，线形，微曲或直通常长4~6厘米，宽2.5~3毫米，先端圆或钝尖，基部渐窄成不明显的叶柄，上面中脉凹陷，深绿色；无毛或有短毛，下面沿中脉两侧有明显的白色气孔带，边缘微反卷，横切面上有2个边生树脂道；幼叶边缘具睫毛。

银杉树为雌雄同株。雄球花通常单生于2年生枝叶腋；雌球花单生于当年生枝叶腋。

银杉树的球果通常为两年成熟；呈卵圆形；长3~5厘米，直径1.5~3厘米；熟时淡褐色或栗褐色；种鳞13~16枚，木质，蚌壳状，近圆形，背面有短毛，腹面基部着生两粒种子，宿存；苞鳞小，卵状三角形，具长尖，不露出；种子倒卵圆形，长5~6毫米，暗橄榄绿色，具不规则的斑点，种翅长10~15毫米。

银杉通常分布于中亚热带地区。适宜在夏凉冬冷、雨量多、湿度大，多云雾的环境中种植。银杉属于阳性树种，根系通常都很发达，所以有很多野生银杉多生长于土壤浅薄，岩石裸露的狭窄山脊或孤立的帽状石山的顶部、悬岩、绝壁隙缝间。有极强的耐寒、耐旱、耐土壤瘠薄和抗风性。

银杉主干高大通直，挺拔秀丽，枝叶茂密，整个树冠成宝塔形，极其具有观赏价值。

同时，银杉也是非常优质的木材，长被用来制造家具或应用于造船和建筑业。

此外，由于银杉是继水杉之后的又一珍贵的古老植物，因此为古生物学家们研究古植物、古地质、古气候等提供了非常宝贵的资料。

傲世独立的普陀鹅耳枥

在中国四大佛教名山之一的普陀山慧济寺西侧，生长着一株全世界独一无二的珍奇宝树——普陀鹅耳枥。

有人称普陀鹅耳枥为“地球独子”，以此来显示这棵树的珍贵性。这株傲视独立的奇树是我国植物学家钟观光于1930年发现的，并于1932年由我国著名林学家郑万钧确认、命名为新的树种——普陀鹅耳枥。郑万钧经过科学的分析推测，普陀鹅耳枥应该具有200年以上的树龄。

鹅耳枥属桦木科的落叶乔木，耐荫、耐瘠薄，喜中性土，因此在我

趣味链接

钟观光（1868～1940年），中国植物学家。

钟观光是中国第一个用科学方法广泛研究植物分类学的学者，也是近代中国最早采集植物标本的学者，被誉为是中国近代植物学的开拓者。

钟观光不仅为北京大学建立了植物标本室，而且开创了我国学者自己采集和制作标本进行分类学研究的新时代。他还发现了很多新的植物种属。在现代植物分类中，木兰科植物的观光木属和马鞭草科的钟君木属就是以他的姓名命名的。

趣味链接

郑万钧（1904~1983年），中国著名林学家、树木分类学家、林业教育学家，中国近代林业开拓者之一。

郑万钧在树木学方面有极深造诣，发表树木新属4个，新种100多个，其中不少是中国特有的珍稀树种。20世纪40年代中期，由他和胡先骕定名的水杉新种被认为是世界植物学界重大发现之一。

国东北、华北、华东、西北、中南、西南的某些地区并不罕见。只是作为鹅耳枥属的一种普陀鹅枥却是“硕果仅存”。

普陀鹅耳枥是雌雄同株，花单性，雄花于4月上旬先叶开放，雌花与新叶同时开放。普陀鹅耳枥高约14米，干径60厘米，树冠幅宽约12米。

叶卵状椭圆形，基部圆形，边缘有重锯齿，沿叶脉常有长毛。

叶柄密生绒毛。春季开花，果序上有多数叶状总苞，果苞长椭圆形或卵形，卵形小坚果，生于部苞基部。

普陀鹅耳枥因其绝无仅有的独特性，目前已经被列为我国国家重点保护对象。

“千年开花”的铁树

铁树，又名避火蕉、苏铁，因为树干如铁打般的坚硬，喜欢含铁质的肥料，所以得名铁树。

在我国古时候，一直有着铁树千年开花的说法，也有说法称“铁树六十年一开花”。难道铁树真的很难开花么？

其实，这只是人们的错觉而已。

铁树的花期通常在每年的7～8月。铁树的花不同于我们常见的花，它没有绿色的花萼，也没有招引昆虫的美丽花瓣。铁树属于雌雄异株，雄花雌花分别长在不同植株上。

雄花称为雄球花，圆柱形，单独生于茎顶，由一片片小孢子叶组成。小孢子叶是一种具有生殖功能的变态叶，叶上有许多囊状结构，内有花粉。拍打成熟雄球花，就有黄色粉末飘出。

雌花称雌球花，在茎顶呈半球状，由大孢子叶组成。

铁树的大孢子叶也是具有生殖功能的变态叶，结构类似于叶，但呈黄褐色，上面长有绒毛，下方两侧着生数枚胚珠。胚珠接受了雄株花粉后受精，发育成种子。成熟的种子呈朱红色。由于种子露在外面，所以铁树归属于裸子植物。

铁树的茎干都比较粗壮，植株高度可以达到8米。铁树喜强烈的阳光、温暖干燥的环境。对土壤的要求相对苛刻，一般适合种植在肥沃、沙质、微酸性、有良好通透性的土壤环境中。铁树的耐寒性较差，所以多生长在较温暖的地区。

铁树树龄可达200年，一般树龄10年以上的个体，在良好的栽培条件下能经常开花。

据说如果铁树逐渐衰弱，加入铁粉，便能恢复健康；以铁钉钉入茎

干内，也能得到相同的效果。当然，令铁树延年益寿的方法目前并没有得到科学的证实。

个大体轻的轻木

在厄瓜多尔的瓜亚基尔城的瓜亚斯河岸，人们经常会看到许多搬运工人扛着一根根又粗又长的树木飞快地走着，不明所以的人都不禁赞其“大力士”。

不过事实并不是如此，他们身上扛的树木与大多数树木是不同的，是一种“徒有其表”的树种。

这种树原产自南美洲及西印度群岛，厄瓜多尔是其盛产地之一。这种树被称为轻木。

轻木属于木棉科轻木属，也叫百色木，常绿乔木。

一般一棵10年生轻木可高达16~18米，胸径可达1.5~1.8米。轻木的树干笔直，树皮一般为棕褐色；叶呈心形，单叶在枝条上近对生；花大，多白色，着生在近枝顶的叶腋；果实为蒴果，长圆柱形，长12~18厘米，内面有绵状簇毛，成熟时果瓣脱落，簇毛散开成猫尾状；种子倒卵形，呈淡红色或咖啡色，外面密被绒毛，犹如棉花籽一样。

干燥的轻木的比重只有0.1~0.2，因此它比用来作软木塞的栓皮栎还要轻两倍多。

一根长约10米、胸围1.5米左右的轻木，连妇女都可以轻易举起。可见轻木的比重是非常小的。这也就我们解释了为什么搬运工人们扛着巨木仍可健步如飞了。

由于轻木的导热系数低，物理性能好，隔音、隔热，所以是绝缘、隔音设备、救生用具、浮标指示以及飞机制造的良材；又由于轻木木材的容量最小，且材质均匀、不易变形，因此又可制造各种模型、模板等；另外，轻木的种毛还可以作枕头和褥子的填充材料。

目前，轻木已在我国台湾、广西、福建、海南岛、云南等地广为引种。

轻木由于其特殊的材质，经常被用来制作各种模型。

植物界的“硬汉”

我们经常会形容身边有着坚强意志的人为“钢铁硬汉”，其实在植物界也有着这样的“硬汉”，生长在我国西双版纳的版纳黑檀就是其中之一。

版纳黑檀是中国最坚硬的树木之一，是人们在1979年于西双版纳的热带密林中发现的一种非常珍贵的用材树种。

版纳黑檀的硬度和强度都是异常之大的，其比重达到1.13克/厘米。如果把一块版纳黑檀木放入水中，它就会像石头一样直接沉入水中。

版纳黑檀属于豆科黄檀属，为落叶乔木。其平均树高可达20米，直径50~70厘米；版纳黑檀的树皮相对较厚，表面平滑，会呈条块状剥落，树皮颜色从褐灰色至土黄色均有。

版纳黑檀有奇数羽状复叶；圆锥花序腋生；花小，蝶形；花瓣白色，雄蕊且连成一体；子房具长柄，荚果舌状。

版纳黑檀主要分布在我国云南省西双版纳地区，生长于海拔700~1700米的山地中，其中在900~1400米地段较为集中。由于当地群众有烧山的习惯，森林破坏严重，致使很多中龄的版纳黑檀及幼树很难成材。目前，版纳黑檀已被列为濒危种被保护起来。

版纳黑檀的木材结构极其致密，纹理交错，心材黑褐色，具有瑰丽花纹。其内含丰富的脂类物质，其切面光滑油润。即使干燥之后，木材也不会开裂变形，是一种类似进口红木的特级硬木原料。常用于制作高级管弦乐器、红木家具及工艺美术雕刻等。

趣味链接

在我国还有一种较硬的树种与版纳黑檀为同属“兄弟”，这就是降香黄檀。

降香黄檀主要分布于我国海南岛的西部、西南部和南部等地。生长在海拔600米以下的山区，至今在海南岛昌江县七差尚有2株高达25米的母树。

降香黄檀是我国海南岛特有的珍贵树种。其心材极耐腐，切面光滑、纹理美致，且香气经久不灭，为名贵家具、工艺品等的上等木材；此外，其心材可入药，能够代替进口降香；其木材的蒸馏油香气不易挥发，可作定香剂。

生产粮食的“米树”

在菲律宾、印度尼西亚等国的许多岛屿上，都生长着一种能够生产出“大米”的米树，这种树被称作西谷椰子。

西谷椰子的树干非常的粗壮、且非常的挺直。其平均的树高约为

10～20米。在西谷椰子的树干中含有比重非常大的淀粉。这种树非常的奇怪，开花后不久就会死去。人们通常都会在西谷椰子开花以前将其砍倒，然后用一种竹制的斧子把树干中的淀粉刮出来，加工成和大米一样的颗粒。这些颗粒被当地人称为“西谷米”。

用西谷椰子树中的淀粉制成的西谷米做成的饭和普通米饭一样，甚至比普通的米饭更为可口。

奇特的面条树

在南非马达加斯加的山区中，生长着一种极为奇特的树木。这种树会在每年的4～5月开花，但它并不会等到秋天才结果，一般在6～7月间就会结出呈长条形、最长约有2米的果实来。当地居民把这种果实叫做“须果”。

这种“须果”不仅外表像面条，味道也和面条差不太多。因此当“须果”成熟的时候，人们便会争相将其割下来，晒干收藏。等到想吃的时候，就将其拿出来放入锅中煮软，加上佐料食用。

树高叶茂的面包树

面包树是一种常绿乔木，主要分布于南太平洋的众多岛屿以及印度、巴西和非洲等热带地方。

面包树平均树高约10多米，最高的个体可达40多米高。面包树的树干粗壮，枝叶茂盛，叶大而美、一叶三色。

面包树是雌雄同株的树种，其雌花丛集成球形，雄花集成穗状。在面包树的枝条、树干上直到根部，都能结出果实。面包树的结果期是非常长的，一年中有大约9个月的时间都可结出果实。

面包树的果实营养非常丰富，且具有果肉充实、味道香甜等特点。在面包树的果实中含有大量的淀粉和丰富的维生素A、维生素B以及少量的蛋白质和脂肪。

当地的人们经常会从树上摘下成熟的面包果，然后直接放在火上烘烤到黄色后食用。

面包树的植株中含有白色乳汁，具板根，外形浑厚；在幼木时，这些板根并不明显，随着树木生长的越来越高、越来越粗壮，其板状的根也会逐渐阔展。

面包树属于单叶互生，叶片呈革质、阔卵形；叶片顶端略尖，基部呈心形；面包树的叶片极大，通常长约30~90厘米；叶表呈墨绿色，且富有光泽；面包树的叶子为3~9羽状深裂或全缘，叶脉明显。

面包树的花为单性花，雌雄同株。雄花先开，花小型，花序呈棍棒状，腋生，长约25~40厘米；雌花序呈球形。

面包树的果实为聚合果，外

面包树的果实是外表布满颗粒状突起的聚合果。

表布满颗粒状突尖，直径约可达20厘米。

在我国台湾省和广东省也分布有一定数量的野生的面包树。

能分泌“奶液”的树木

牛奶树是生长在巴西亚马孙流域的一种树。

牛奶树的长相非常的奇特，其树干的表皮基本没有沟壑、平滑有光泽。牛奶树的叶子也是非常光洁的。牛奶树上结出的果实不大，不能食用。

牛奶树不仅外表具有特点，其内在也有让人称奇的地方。当人们用小刀或其它工具在牛奶树的树皮上划一个小口子的时候，就会从树干中流出一种白色的“奶液”来。通常一棵牛奶树单次可以收集2～4公升“奶液”。

生的牛奶树“奶液”中含有一种对人体有害的杂质，是不能够用

来食用的。但是如果用清水把它冲淡、煮沸，这些有害物质就会消失不见。加工后的“奶液”成份、味道跟牛奶十分相近。因此当地居民把它叫做牛奶树。

无独有偶，在南美洲一些地方也生长着一种被当地居民称为“木牛”的牛奶树。这个古怪的名字缘于这种树的树液味道酷似无脂牛奶。“木牛”的树皮被切开后也会立刻流出“树奶”，且这种树的伤口愈合能力非常的强。

而希腊的吉姆斯林区有一种被称为“马德道其莱静”的大树。这种树平均树高约为3米，要3～4人才能合抱。它的树身极为粗糙不平，每隔几十厘米就有一个绿色奶苞，会不断地滴出一些“奶汁”来，牧羊人非常喜欢把羊群赶到这些大树下，由大树来“喂养”自己的羊。因此这种树又被称为“羊奶树”。

挂满“香肠”的香肠树

香肠树原产热带非洲，多分布在非洲东部的乌干达地区。属于紫葳科香肠树属（即吊灯树属）的唯一种，学名为K.africana。原产热带非洲。

这种香肠树的平均树高为6~12米，其果实约可长到30~60厘米左右。

香肠树的果实会悬垂于绳索状的长柄下。它们的花径约有10厘米左右，一般呈紫绿色，形状略不整齐或向一侧弯曲，着生于老枝之上，悬挂方式便于蝙蝠（主要传粉者）采蜜。

虽然香肠树的果实从长相上来说与人类吃的香肠很相像，但是其味道却与香肠完全不同。

香肠树的果实可用来制造黄色颜料；外壳可用来制造碗、茶杯和各种装饰品；树皮还可以做药材，能治风湿、蛇咬等疾病。

含油量丰富的流油树

在我国陕西省地区生长着有一种名叫“白乳木”的树，只要人们将其树皮切开、枝条扭断，或者将其叶片撕破，就可以看到有一种乳白色的液体从中流出来。

这种液体中的含油量可达68％左右，甚至比芝麻、核桃、花生的含油量都要高。这种树中的油，不仅可以用来点灯、作燃料，甚至还可以食用。

天然的“酿酒师”——酒树

非洲中部罗得西亚恰希河两岸地区，生长着一种名叫“休洛”的酒树。这种酒树就像是天然的“酿酒师”一样，可以“酿造”出非常美味的酒液。

这种叫做“休洛”的酒树，常年都可以分泌出一种味道芳香的、含有酒精的液体。这种液体不仅味美，而且酒香浓烈，深受当地人的喜爱。非常多的人都很钟情于这种天然的“美酒”。

许多人都将这种酒树作为天然的美酒取饮机。

制盐高手——木盐树

在我国的黑龙江省和吉林省交界的部分地区，生长着一种能产出优质盐的木盐树。

这种树非常的特别，每当炎夏的季节到来时，这种树的树干上就会凝结出一层雪花般的盐霜，当地人们可以用刀轻轻地把盐霜刮下来加工使用。

这些树盐不仅可以作为生产用盐，还可以作为质量上等的精盐来食用。

第三章
Chapter 3

竞艳人间的花卉植物

花是美丽的象征。它们或披有彩色的外衣，呈现华贵之姿；或一身朴素，尽显大方优雅。花儿不仅是常见的观赏性植物，更是这个蓝色星球的五色点缀。

花中皇后——月季

春日四时常在日，但看花开日日红。

只道花无十日红，此花无日不春风。

月季花一直被称为是“花中皇后”，无论古今中外都受到人们的青睐。

趣味链接

绿月季又称绿绣球，是世界上唯一的绿色月季花品种。其花瓣之所以为绿色，是因为它是由绿色的花萼演变而来的。

根据相关的统计，目前全世界已知的月季花大约有2万多种。

月季花原产自中国，且位列群芳之魁。最初的时候，月季大多分布于我国的湖北、四川、云南、湖南、江苏、广东等地区。大约在18世纪末、19世纪初传至欧洲。欧洲的园艺家把中国月季与其它蔷薇科植物杂交繁育出成千上万个月季品种。

我国目前栽培的月季品种约有500多个。在过去主要分布于山东、河南等省，而今上海、南京、杭州、常州、北京等地也出现了许多不同的培育品种。其中最为普遍的是原种月季和变种月月红。原种月季花有深红、粉红等，有微香；月月红，花多单生，紫色至深粉红色，因小叶较薄而带紫

晕，故又称为紫月季。

此外，在我国较常见的还有黄月季、小月季、变色月季、绿月季等。其中最为奇特的是绿月季，其花大且呈淡绿色，花瓣呈带锯齿的狭绿叶状。

月季花之所以惹人喜爱，是有着诸多原因的。

首先，月季花的色彩纷繁多变。就目前已有的品种来看，月季花有红、黄、白、蓝、紫、绿、红黄混色、串色、红花白背、白花红边等等。每种色彩又有浓淡之分。

其次，月季花有着多样的花型。月季花不仅有单瓣、重瓣之别，

趣味链接

香水月季

月季还有一位极出色的孪生姐妹，称为香水月季。它虽称为“月季”，但和月季同属不同种。

香水月季原产于我国云南一带，它不仅花蕾秀美，花形优雅，色香俱上，而且可连续开花。香水月季的主要变种有大花香水月季、淡黄香水月季、橙黄香水月季、粉红香水月季和紫花香水月季等。

香水月季于19世纪初传入欧洲。到了20世纪初的时候，已经在国外普遍栽培了。

1867年，有人用杂种长春月季与香水月季杂交而成杂种香水月季。这杂种香水月季器宇不凡，为月季中的后起之秀，后来经过反复杂交培育，成为近代月季中最主要、最受欢迎、品种最多的一类。

目前全世界已知的香水月季约有5 000种以上。在我国大约有300多种，主要分布于上海、南京、杭州、常州、北京、天津等地。

且其最好的品种为高心尖瓣翘角，花瓣通常不多不少正好为40片。如花瓣少容易露心，花瓣多的遇到气温低或多雨天气，容易未开足就凋萎。

另外，月季花的叶片也苍翠可爱，有的为皮革状并有光泽。

月季花还有一个特点就是它的适应能力非常的强，在南北各地均可栽培，而且整个生长季节花开不绝，花型久开少变，这是其它种类的花卉望尘莫及的。

月季花除了能够供人观赏之外，还可提炼芳香油。月季花的花、叶、根皆可入药，有活血、消肿、解毒的功效。

灭虫能手——除虫菊

夏夜里，蚊虫叮咬常搅得人不能入眠。人们除了会挂蚊帐外，还会在临睡前点一盘蚊香，利用蚊香袅袅上升的青烟，使蚊虫晕头转向，不能“行凶”。

为什么蚊香能杀灭蚊虫？

原来，在蚊香中含有除虫菊的成分，在除虫菊的花朵中含有0.6%～1.3%的除虫菊素和灰菊素，除虫菊素又称除虫菊酯，是一种无色的黏稠的油状液体，当蚊虫接触之后，就会神经麻痹，中毒而死亡。

除虫菊是菊科的多年生草本植物，平均约有半米高，从其茎的基部会抽出许多深裂的羽状的绿叶，在绿叶之中簇拥着野菊似的头状花序，花序的中央长着黄色的细管状的花朵，外周镶着一圈洁白的舌状花瓣。看起来雅丽别致。

除虫菊不仅可以除灭蚊虫，而且可以杀灭农作物和林木、果树的害虫。它与烟草、毒鱼藤合称为“三大植物性农药”。在夏秋之间，把即将开放的除虫菊花朵采摘下来，阴干后磨粉，过120～150目的筛子。每斤除虫菊粉加200～300倍的水，并酌加肥皂做成悬浮液，搅匀后喷洒，可以防治农业上的多种害虫。即使把除虫菊草整个浸泡在20倍的水中，也有良好的防治效果。如果把50%的除虫菊粉、48%的榆树皮粉、1%的萘酚、1%的色粉配在一起，再加入一定量的水调成糊状，就可制成蚊香。

除虫菊对蜈蚣、鱼，蛙、蛇等动物也有毒麻作用，但对人畜无害。因此使用安全，不污染环境，是理想的杀虫剂。

除虫菊还可药用，有治疗疥癣的功效。

“国色天香”的牡丹花

牡丹为多年生落叶小灌木，生长缓慢，株型小，株高多在0.5～2米之间；根肉质，粗而长，中心木质化，长度一般在0.5～0.8米，极少数根长度可达2米。

牡丹花原产于我国西部的秦岭、大巴山一带的山区中，是我国特有的花卉品种，至今在其原产地仍有野生单瓣品种的存在。

作为我国独具的木本名贵花卉，牡丹花具有花大色艳、雍容华贵、富丽端庄、芳香浓郁等特点，素有“国色天香”、“华中之王”的美誉。中国人更是视其为富贵吉祥、繁荣兴旺的象征。

目前，世界上已知的牡丹花的品种非常的繁多，其中以洛阳牡丹和菏泽牡丹最富盛名。

牡丹花一般在初春时节就可以开花。牡丹花不仅花朵较大，具有单瓣与重瓣之分，其花色也是非常多样的。牡丹花的花色包括了紫色、深红色、肉红色、粉红色、银红色、白色、黄色、黑色以及豆绿色等等，尤以黄、绿、深红最为名贵。

牡丹一直是中国诗人不吝赞颂的名贵花卉之一。

欧阳修就曾经在《洛阳牡丹记》中称颂道："天下真花独牡丹。"刘禹锡更是曾为牡丹作诗数首，其中赞叹之意难掩："唯有牡丹真国色，花开时节动京城。"（《赏牡丹》）、"有此倾城好颜色，天教晚发赛诸花。"（《思黯南墅赏牡丹》）。

诗人们在赞颂牡丹花的

趣味链接

牡　丹

——刘灏

何人不爱牡丹花，占断城中好物华。
疑是洛川神女作，千娇万态破朝霞。

同时，也长借花抒情。王维就曾作《红牡丹》诗曰：“绿艳闲且静，红衣浅复深。花心愁欲断，春色岂知心。”白居易在《惜牡丹》一诗中说道：“惆怅阶前红牡丹，晚来只有两枝残。明朝风起应吹尽，夜惜衰红把火看。”这些都是文人骚客们的心情寄语。

牡丹的适应能力非常强，所以在我国各地均有栽种，特别是在洛阳，历来有“洛阳牡丹甲天下”之称。

牡丹除供观赏之外，还有很高的经济价值。

牡丹的根皮在中医中被称之为“丹皮”，有凉血散瘀、解热镇痛、抑制病菌、降低血压的功效，也可用作治疗中风、腰痛等症状；牡丹的叶可作为染料；牡丹的花既可食又可提炼香精；牡丹花的籽还可用来榨油。

保加利亚的国花——玫瑰

玫瑰属于蔷薇科，蔷薇亚科，蔷薇属，落叶灌木，枝杆多刺。又被称为刺玫花、徘徊花、刺客、穿心玫瑰。

在欧洲诸语言中，蔷薇、玫瑰、月季都是一个词，由于蔷薇科的植物都是从中国传入欧洲的，因此在最初的时候，欧洲人并不了解三者的区别。当人们从更为科学的角度对三者进行区分后，有人把玫瑰、月季和蔷薇花称为蔷薇科的花中三姐妹。

在三者中如果论高贵当然是月季，论潇洒则应属蔷薇，但论起香气、历史、名声玫瑰就当仁不让了。

玫瑰原产于我国的北方，目前在世

界各地广为分布。

在欧洲人的神话故事中，玫瑰和爱神维纳斯是同时诞生。所以欧洲人将玫瑰花视为是爱情之花。

保加利亚素有“玫瑰之国”的美誉。保加利亚人民更是把玫瑰花作为自己的国花，在保加利亚的首都索非亚东南约40多千米的地方，有一条绵延达80千米的玫瑰谷。在玫瑰谷中长满了玫瑰。每年6月初，玫瑰谷都就会成为玫瑰的海洋，红、黄、白等各色玫瑰多彩多姿，争芳吐艳，香气袭人。

趣味链接

在保加利亚玫瑰谷中，约有40种玫瑰可提炼成玫瑰油，玫瑰精油贵如黄金，被称为“液体金子”。玫瑰油要比等质量的黄金价值还高，主要作为化妆品制造、食品、精细化工等工业应用。

少量的玫瑰油就可制出玫瑰香水，其香味浓郁、甜淳、柔和，而且持久不散，在国际香水市场上享有很高的声誉。

玫瑰花的用途是非常广泛的，它不仅可以作为观赏用，其花朵还可用于提炼香精玫瑰油，花瓣也可直接腌制成食品食用，或作为调味料使用。

大漠中的植物活化石——千岁兰

千岁兰是一种十分古老的物种，属于裸子植物中的盖子植物纲千岁兰目，这一目迄今只有千岁兰一种在非洲西南沿海存活了下来，“活化石”之称当之无愧。

千岁兰主要分布于南半球非洲大陆纳米布沙漠，其伴黄沙碎石而生，是世界上极为珍贵的“花卉寿星”。

纳米布沙漠非常的荒凉，人们很难在这片荒漠上找到较为高大的树木，就连灌木与小草也是十分稀少，而千岁兰正是这片黄沙中让人惊奇的生物之一。

从外形上说，千岁兰同其它生长在沙漠中的植物一样，长相都是非常奇特的。千岁兰的茎既矮又粗，直径约为1米，其高约为20~30厘米，就如同一只多半埋在了土中的萝卜。千岁兰茎部顶端，在漫长的进化过程中已经变得木质化了，并向下凹陷，仿若一个破旧的木盆。

在千岁兰的“木盆”边缘上生出两片厚厚的带状叶片。每片叶宽约30厘米左右，通常叶长是叶宽的7~10倍，可达2~3米。这两片叶子分别向两侧地面弯曲，当其到达地面后会向外伸长。千岁兰的叶片顶部在沙石的不断磨损下会变得干枯，且往往会裂成无数窄条，随风凌乱扭曲。这就使得人们远远看去会将其误认为是遗落于黄沙中的章鱼，因此人们又称这种植物为“沙漠章鱼”。

人们最初是在19世纪的时候发现千岁兰的，当时的植物学家推测其可能已经有百年的寿命。后来，人们不断地在这片沙漠中发现更为古老的个体，并且之前发现的个体在经历了百年之后仍然存活着，科学家们因此对这些生命力顽强的植物进行了科学的生命测定，结果是令人惊叹的，这些个体中的许多，已经在这片干燥的大漠中生活了近千年，而一部分个体甚至已经超过了2000岁的高龄。这就间接地证明，许多千岁兰个体的的叶片也已经在这个世界上生机勃勃地存活了千年了，这是令许多叶片脱落再生的植物所望尘莫及的。

当我们提到沙漠植物的时候，大多会想到为了适应沙漠生活、减少水分蒸发、叶片已经特化为针状的植物。但是能够在沙漠中的千岁兰却有着极为宽大的叶片，这难道不会令它们因水分蒸发过多而“渴死”么?

最初的时候，科学家对此也是十分不解的。为了解开这个谜团，植物学家们曾经无数次地实地考察、观测，最终解开了这个疑惑。

原来纳米布沙漠是一片沿海岸分布的沙漠，其主要受海洋冷湿气流的影响，虽然很少会有大雨降临，但是细雨和浓雾却对这片干燥的沙漠十分眷顾。因此生长在这片黄沙之中的植物，会因为潮湿的空气而减少叶片水分的蒸腾量。同时，凝聚在植物叶片上的水分会被植物充分地吸收。因此，千岁兰能在纳米布沙漠中生存就不足为奇了。

茶花之后——金花茶

金花茶主要分布于越南以及中国大陆的广西等地，一般生长在非钙质土的山地常绿林中，目前尚未由人工引种栽培。

人们最初是在1960年于我国广西南宁发现的开金黄色花朵的山茶花，并将其命名为金花茶的。山茶花的品种非常的繁多，普通的山茶花的花朵多为深红、粉红、白或紫，金花茶的花色则是娇艳华丽的金黄

色，这使金花茶成为了山茶花中的佼佼者，独树一帜，艳压群芳。

金花茶的花朵单生于新枝的叶腋中，一般于每年的隆冬至早春开花，花期较长，可达5个月之久。金花茶的花径约为5~6厘米，一般呈杯状或碗状。

金花茶盛开时，花色金黄，花瓣肥厚，具有腊质光泽。金花茶非常光彩夺目，妖艳的花朵含羞俯垂，散发出芳香的气息，令人迷醉。

金花茶是世界上的珍稀观赏植物之一，其珍贵在于金花茶的黄色色泽是可以遗传的种质资源，可以人工培育、杂交创造出优良的新黄色系重瓣大花。

除了具有观赏性外，金花茶还有一定的药用价值。其花、果、叶中约含有10余种微量元素，特别是硒和锗两种微量元素的含量非常丰富，因此以其花入药，可起到防癌、抗癌、增强人体免疫功能、降低血中胆固醇的作用；另外，其花还可以用作提炼食用色素。

但金花茶喜欢温暖湿润的气候和疏松肥沃的土壤。因而自然分布很窄，目前只在我国的广西邕宁、东兴等地的低缓山丘有所分布。

人间“香祖”——兰花

兰花自古以来就有“香祖”、“天下第一香”等美誉。

中国人更是将兰花比作是“花中君子”，将其视为高洁、清雅的象征。很多文人墨客对兰花更是从不吝惜赞美之辞，更有人以“兰”明志。

诗人刘灏就曾在《广群芳谱》中写到：“兰生幽谷无人识，客种东轩遗我香。知有清芬能解秽，更怜细叶巧凌霜。”郑板桥更是在《高山幽兰》中赞美兰花曰：“千古幽贞是此花，不求闻达只烟霞。”

兰科是植物分类学中最为繁复的一科，其包含的种类也是非常多的，所以很多专业的植物学研究者也很难全部区别清楚。

我们平常所说的兰花，以较为宽泛的概念来说都是“兰属”内的花卉。它们基本可分为两大类：一类生于地上，另一类附生生长。我们常见的兰花大多是地生的。

地生兰按其开花的季节还可分为春兰、夏兰、秋兰和冬兰。

兰花的结构与通常的花不同。通常的花有花萼、花瓣之分；兰花的萼片与花瓣没有区别，总称为花被。兰花的花是由六片瓣片组成，分内外两轮，每轮有3片。

在我国，已经有2000多年的栽培兰花的历史了，并且历代都有栽兰、诵兰的记载。

近年来，随着园林事业的发展，全国各地的兰花栽培变得更为广

趣味链接

兰花真的不结籽？

兰花在我国有着十分悠久的栽培历史。在最初的时候，人们都认为兰花是只开花结果，却不结籽的花卉。但其实这是人们的一种误解。

实际上，兰花的种子就藏在兰花的果实中。当我们拨开成熟的呈黑褐色的兰花果实的时候，会看到一堆白色的粉末状物质，这就是兰花的种子。

兰花的种子个体纤细如尘，肉眼难辨个数。倘若在显微镜下观看，我们会发现兰花的种子是呈长纺锤形的，且个数非常的多。

泛，大范围的引种、栽培已经是常事，各地更举办有不同程度的兰花展览。

而中国之兰更是被国外广为引种培育，深受外国人的喜欢。

兰花的种子细小且繁多，不易发芽，通常很难用种子繁殖成一棵实生苗。所以一般采用无性繁殖。

兰花除具有观赏价值外，其花、叶、果、根均可入药，用以清热解毒、化痰止咳、止血镇痛等。

于风雪中傲立的雪莲

雪莲，又称高山雪莲或天山雪莲，菊科多年生草本植物。一般分布于中国新疆天山南北山坡、阿尔泰山及昆仑山等高山地带，属于濒危植物种类。

在我国西藏南部地区和四川北部，海拔4500~4800米的地带，被称为是世界上著名的“天然高山植物博物馆”，雪莲就是生长在这一“博物馆”中的植物成员之一。

雪莲种类繁多，比较著名的有水母雪莲、毛头雪莲、绵头雪莲、西藏雪莲等。新疆雪莲，在《本草纲目拾遗》的记载中被视为正品。以天池一带的博格达峰上的雪莲质量最佳，并且有神秘色彩。

雪莲的生长环境通常具有终年积雪不化、寒风刺骨、光照极强烈等特点。雪莲的种子在0℃时发芽，3~5℃时生长。其幼苗可经受-21℃的严寒。雪莲一般生长4～5年左右才会开花，且花期相对较短，通常仅有8个月左右。

和许多高山植物一样，雪莲株形较矮，叶子仿佛自地面破土而出的。雪莲花具有满身茎，叶绒密似厚厚的白色绵毛，紫红色的花序也被一层层银白色的毛茸花苞所包裹，这层花苞既能防寒又可保温，同时也还能反射掉一部分强烈的高山辐射光，从而使

趣味链接

在传说中，雪莲是瑶池王母到天池洗澡时由仙女们撒下来的，而其对面海拔5 000多米的雪峰则是一面漂亮的镜子。

因此，雪莲一直被其生长地的牧民们视为是吉祥之兆。高山牧民在行路途中遇到雪莲时，都会将其视为圣洁之物以礼相待。而饮过雪莲苞叶上的露珠、水滴，则被认为可以驱邪除病，延年益寿。

植物体免受伤害。雪莲花香袭人，顺风时香味可以飘到几十米远。花谢后会迅速结出长有纵肋的长圆形瘦果。

雪莲具有粗壮、深长且十分柔韧的根系，这些根系穿插与乱石、粗质土壤间，不仅可以帮助植物体吸收水分、养分，以供生长所需；同时，还能帮助植物体防止受到下滑的岩石块的损伤。

雪莲在形态上和生态上的特别之处，是其在寒冷贫瘠的高山正常的生长发育、繁衍后代的有力保障。

雪莲花直面风雪，于其间傲立而生，令人称赞。

雪莲花是一种非常优质和珍贵的中药材，对于牙痛、风湿性关节炎、阳痿以及女性的月经不调、白带异常、血崩等疾病均有非常好的疗效。

卧水而生的花之女神——睡莲

睡莲是睡莲科多年生水生花卉，世界上目前已知的约有100多个种类。

睡莲科的花卉大体可分为两大体系：热带睡莲，不耐寒种、花大而美，只能在温室中越冬；温带睡莲，是睡莲中较为耐寒的品种，其地下茎一般能在池泥中顺利越冬。

睡莲多生长于池塘里，其花朵或红或白地成簇浮于水面之上，尽显文静、倩丽之姿，更因其水生的洁好，被人们誉它为“水中女神”。

睡莲一边生长在浅水中，根茎较短，叶有长柄；叶片外形多样，因产地和品种而异，有的似马蹄、有的似圆盘；其叶片直径小的不超过5厘米，大的可达60厘米左右。

睡莲的花型会因产地和品种的不同而有所差别；花色多样，通常为白、黄、紫、青、红、绯红等。另外，很多睡莲花都具有时开时合的特点。

睡莲花谢后，逐渐卷缩，沉入水中结果。浆果球形壳里含有空气，

趣味链接

为什么睡莲会时开时合呢？

我们都知道，大多数的睡莲都具有时开时合的特点，那么为什么会出现这样的情况呢？

原来，睡莲花的时开时合是受阳光控制的。绝大部分的睡莲都是随着太阳的升起而苏醒的，其花开会随着太阳而变化。上午是为含苞待放，中午时为怒放，到晚上时则随着太阳落山而渐渐闭合。当然这其中也有逆其道而生的，如红睡莲于晚上开放，翌日午前闭合。

能浮在水面随风漂流，当种子下沉后，如果环境适宜，第二年夏天，便发芽成长成一株新睡莲。

睡莲最初在中国、日本、苏联、北美等国家和地区均有分布，目前其分布范围更为广泛，且深受人们喜爱。孟加拉和泰国更是尊睡莲为国花，用以象征其民族的灵慧和清雅风尚。

下面为大家具体地介绍几种睡莲：

白睡莲原产于欧洲。花型较大，可达13厘米，质量相对较轻，平均不到10克。白睡莲通常是与朝阳一同初放，至中午怒放花开，傍晚时分闭合起来“酣睡”。白睡莲具有时开时合的特点，这就使其花期延长，可历时多天，甚至半月。

黄睡莲原产于墨西哥。黄睡莲叶呈圆形或卵形，具不明显波状缘；叶片上部呈深绿色，有褐色斑纹；下部呈红褐色，有黑色小斑点。黄睡莲的花通常呈黄色，花径约为10厘米左右。其花朵一般于午前开放，至傍晚闭合。

香睡莲原产于北美洲。通常叶呈圆形或长圆形，全缘，裂刻深。其花白色带粉，花径从3.6~12.7厘米均有。香睡莲的名字得于其极浓的花香。香睡莲一般午前开放。

红睡莲原产于印度。叶型非常奇特，呈心脏形，基部深裂；幼叶呈紫红色；老时上部转为墨绿色、有光泽，下部变为暗紫红色，且叶缘生成浅三角形齿牙。红睡莲的花大，径约为30~34厘米，花色一般为玫瑰红。红睡莲的习性同其它种类的睡莲不同，其花开一般在晚上8时，到第二天11时左右闭合，花期约3~4天。

出淤泥而不染的莲花

莲花亦称荷花，为多年生水生草本。

莲花多分布于中亚、西亚、北美等地区以及中国、印度、日本国家的亚热带和温热带。

莲花在中国的培育历史是非常悠久的，至今已经约有3000多年了。

莲花生于淤泥而洁身幽香的品性已知为中华文人墨客所赞颂。周敦颐就曾经作《爱莲说》赞道：“莲之出淤泥而不染，濯清涟而不妖，中通外直，不蔓不枝，香远益清，亭亭净植，可远观而不可亵玩焉。”

莲花的根茎最初细瘦如指，称为蔤（莲鞭）。蔤上有节，节再生蔤，节向下生须根，向上抽叶和花梗。

夏秋生长末期，莲鞭先端数节入土后膨大成藕，可供翌年萌生新株之用。

莲花通常是在夏季开花，花呈单瓣或重瓣，单生于花梗顶端；花瓣椭圆形或倒卵形；雄蕊多数，花药条形，花丝细长，着生于托之一；心皮多数埋藏于膨大的花托内，子房呈椭圆形，花柱极短；莲花的花梗与叶柄等长或稍长，散生有小刺；花径通常为10~20厘米；花色不多，通常为红色、粉红色或白色。

莲花的花谢后，蓬托会膨大，形成莲蓬；莲蓬内生出坚果，俗称莲子。

莲花不仅可以作为池塘中的观赏花卉，还可以用来入药治病。《本草纲目》中就记载说："医家取为服食，百病可却"。

莲花周身都是宝。莲子及莲须为滋补强壮剂；莲心为清心解热物；花、荷叶、荷梗有清毒解暑散热作用；藕可以用来当做蔬菜。

花香月下的夜来香

大多数的花，都是在骄阳中开放、散香，引人前来品赞歌颂。但也有风骨清高，不屑品评的个体存在，例如夜来香。

夜来香属藤状灌木。枝小柔弱，株体有毛，具乳汁。

夜来香多生长在林地、灌木丛之中，喜温暖、湿润、阳光充足、通风良好、土壤疏松肥沃的生长环境。

夜来香具有耐旱、耐瘠的特点。但是对严寒却是敬谢不敏，因此每到冬季落叶后就会停止生长。待到春暖后发枝长叶，每节有腋芽或花芽，随着生长不断发生侧枝并抽生花序，一般在每年的5~10月陆续开花。

趣味链接

“入夜香更浓”的秘密

常常有人说，白日里香气清幽的夜来香之所以在夜间才“香更浓”是因为其孤芳自赏的个性。当然了，这种“个性”不过是文人们赋予给夜来香的。那么，从科学的角度来说，夜来香“入夜香更浓”的原因到底是什么呢？

原来夜来香的花瓣构造，在黑夜与白日中是有所差别的。

夜来香的花瓣上有气孔，这些气孔非常独特。当空气湿度大时，夜来香花瓣上的气孔就会张得大，蒸发的芳香油就会变多；反之，气孔则会缩小，相对蒸发的芳香油就会减少。夜晚缺少太阳照晒，因此空气中的湿度相对白天就会增大，夜来香的花瓣气孔也会相对张大，因此，放出的香气也就特别浓。

另外，夜来香在阴雨天所散发的香气也比晴天中的浓，这也是同样的道理。

夜来香的叶为对生；叶片宽大，具卵形、心形；叶长4～9.5厘米，叶宽3～8厘米；叶片先端短渐尖，基部深心形；全缘，基出掌状脉7~9条，边缘和脉上有毛。

夜来香的花呈伞状聚伞花序、腋生，有花多至30朵；其花冠有5枚裂片；通常为黄绿色；有清香气，夜间更甚，故有“夜来香”、“夜香花”之名。

墨西哥国花——大丽花

大丽花是一种原产于墨西哥的菊科植物，也是菊科植物中极为典雅、华贵的品种之一。墨西哥人把大丽花视为大方、富丽的象征，并将其尊为国花。

目前，在全世界大多数国家和地区均有分布。根据相关统计，大丽花已经成为世界花卉品种最多的物种之一，现已知品种已超过3万个。

大丽花最初生长在墨西哥高原地区海拔1500米的地方，不耐严寒和酷暑，喜欢相对温良的环境；气温过低时，会进行休眠。

大丽花具有粗大、锤状肉质块根，株高会随着品种的不同而高低有别；大丽花的叶为对生，1~3回羽状分裂，裂片卵形，锯齿粗钝；大丽花的花长于梗顶。它的头状花序中央有无数黄色的管状小花，边缘是长而卷曲的舌状花，有各种绚丽的色彩，花的娇艳就是通过它显示出来的。

大丽花的花期相对较长，一般会从秋季一直延续到翌年的春季；单株花可延续开放1个月之久。

大丽花的花色极为绚丽多样，红、黄、橙、紫、白等色均有。重瓣大丽花有白花瓣里镶带红条纹的千瓣花，如白玉石中嵌着一纹纹红玛瑙，妖娆非凡。

按花朵的大小划分，大丽花主要分为：花径20.3厘米以上的大型花、花径10.1~20.3厘米的中型花、花径10.1厘米

以下的小型花3种。

按花朵形状划分，大丽花主要分为：葵花型、兰花型、装饰型、圆球型、怒放型、银莲花型、双色花型、芍药花型、仙人掌花型、波褶型、双重瓣花型、重瓣波斯菊花型、莲座花型和其他花型等花型。

目前在世界范围内栽培最多的大丽花品种包括有：寿光、朝影、丽人、华紫、瑞宝、福寿、珠宝、新晃、红妃、新泉等。

傲霜怒放的菊花

一夜新霜著瓦轻，芭蕉新折败荷倾。
耐寒唯有东篱菊，金粟初开晓更清。

白居易的一首《咏菊》，将菊花的迎霜而开描写得非常真切。

大多数的花朵都是在春夏两季争开竞艳的，而菊花却是钟爱着深秋

时节的天高气爽。

菊花为多年生菊科草本植物，其祖先是一种小小的黄花。在经过了长期的人工选择培育后，成为了如今名贵、常见的观赏花卉。

菊花在中国的栽培历史已经有3000多年，是中国的十大名花之一。中国人对菊花是非常钟爱的，在许多神话故事中，菊花都被赋予了吉祥、长寿的寓意。历代的诗人、画家中更是不乏钟情秋菊者。

菊花约在明末清初的时候传入欧洲，现已在全世界范围内普遍分布。目前已知的品种约有3000余种。

菊花的株高从20厘米到200厘米均有，通常为30~90厘米；茎色嫩绿或褐色，除悬崖菊外多为直立分枝，基部半木质化；为单叶互生；叶呈卵圆、长圆，边缘有缺刻和锯齿。

菊花的头状花序顶生或腋生，一朵或数朵簇生；舌状花为雌花，筒状花为两性花。舌状花分为下、匙、管、畸四类，色彩丰富，有红、黄、白、墨、紫、绿、橙、粉、棕、雪青、淡绿等；筒状花发展成为具各种色彩的“托桂瓣”，花色有红、黄、白、紫、绿、粉红、复色、间色等色系。

菊花的花序大小和形状因种类的不同也是有所区别的。有单瓣，有重瓣；有扁形，有球形；有长絮，有短絮，有平絮和卷絮；有空心和实心；有挺直的和下垂的。

根据花期的早晚时间，可将菊花分为：每年9月开放的早菊，10~11月开放的秋菊，12~1月开放的晚菊。当然，并不是所有的菊花都是在秋后开放，在植物研究者的不懈努力下，现在已经有很多种类的菊花能够在其它季节种植开放了，如五月菊、七月菊。

根据花径的大小，可将菊花分为：花径10厘米以上的大菊，花径6~10厘米的中菊，花径6厘米以下的小菊。

根据瓣型可将菊花分为：平瓣、管瓣、匙瓣3类。

目前在中国境内种植的主要品种有，野菊、毛华菊、甘菊、小红菊、紫花野菊、菊花脑等。这些品种普遍喜凉爽、耐寒；适宜生长在

18～21℃的环境中；地下根茎耐旱，最忌积涝；喜地势高、土层深厚、富含腐殖质、疏松肥沃、排水良好的壤土；在微酸性至微碱性土壤中皆能生长；为短日照植物，在每天14.5小时的长日照下进行营养生长，每天12小时以上的黑暗与10℃的夜温适于花芽发育。

菊花不仅具有观赏价值，还可入药治病。菊花的头状花序入药，对味甘苦、微寒、散风、清热解毒有功效。

日本国花——樱花

樱花原产自北半球温带环喜马拉雅山地区，包括日本、印度北部、朝鲜、中国台湾地区和长江流域。目前在世界范围内分布。

樱花是日本的国花，深受日本人的喜爱。每年春天，赏樱都是日本人最爱的活动之一。而樱花在日本的种植范围也是很广的，房前屋后、道路两旁均可见其身影。因此，日本还被誉称“樱花之国”。

日本人视樱花为自己国家与民族的象征，认为它同雄伟的富士山一样，是勤劳、勇敢、智慧的象征。每年的3月15日到4月15日是日本的樱花节。日本的男女老少大都会抽出时间到公园或野外赏樱。

樱花是蔷薇科的植物，落叶乔木，可以长到十余米高。但一般公园中，通常将其培养成5米左右的小乔木。

樱花的花比叶要先开放，五六朵生于枝上成短总状花序。花瓣白色至红色均有，有清香；有单瓣和重瓣之别，单瓣的可结核果，成熟时为黑色；重瓣的不结果。

趣味链接

日本人民对樱花的喜爱之情有久远的历史。

传说在很久以前，有一位名叫木花开耶姬的美丽姑娘，从冬到夏用了半年时间，自南向北走遍了整个日本，沿途撒下了樱花的种子。自此以后，日本各地便盛开樱花了。

樱花的生命很短暂。在日本有一民谚为“樱花7日”，就是说一朵樱花从开放到凋谢大约为7天。通常整棵樱花树从开花到全谢大约延续半月，这就形成樱花边开边落的特点，也称为了树下赏樱的最大魅力。

樱花性喜阳光，适宜生长在温暖湿润的气候环境；对土壤的要求不严，以深厚肥沃的砂质土壤生长最好；不耐盐碱土；根系浅；对烟尘、有害气体及海潮风的抵抗力均较弱；有一定的耐寒和耐旱力。

樱花花朵极其美丽，盛开时节，满树烂漫，如云似霞，是早春开花的著名观赏花木。

日本樱花多划分为园艺品种及野生种，比较著名的品种有：寒樱、河津樱、雨情枝垂、染井吉野樱、大岛樱、寒绯樱、雏菊樱及一系列八重樱（如八重红彼岸、奈良八重樱、八重之霞樱、茜八重、八重紫樱，等。

樱花一直来与日本人民的生产、生活和感情融合在一起：花开花落，预告着春播、秋收时令的到来；樱汁、樱叶、樱花、樱木，是常见的药材、食品、家具和木雕的上好原料。

比利时国花——虞美人

虞美人又名丽春花、赛牡丹、满园春、仙女蒿、虞美人草，罂粟科罂粟属草本植物。

虞美人原产自欧、亚大陆温带，目前在世界各地多有栽培。在我国的江浙一带种植范围引种较多。

虞美人的株高一般40～60厘米；分枝细弱，被短硬毛；叶为互生，羽状深裂，裂片披针形，具粗锯齿。

虞美人的花为单生，有长梗，未开放时呈下垂状；有4枚花瓣，近圆形，花径约5～6厘米，花色丰富。蒴果杯形，种子肾形，干粒重0.33

美丽的虞美人花田

克，寿命3～5年。

虞美人耐寒、怕暑热，喜阳光充足的环境，喜排水良好、肥沃的沙壤土。不耐移栽，能自播。虞美人的花期一般为每年的5～6月。

虞美人有复色、间色、重瓣和复瓣等品种。

比利时人将虞美人作为自己国家的国花。

人间第一香——茉莉花

茉　莉

灵种传闻出越赏，何人堤挈上蛮航？

他年我若修花史，列作人间第一香。

诗人姜夔十分钟爱茉莉，曾经作诗多首来赞誉茉莉花，更将其称为是“人间第一香”。

茉莉花为常绿小灌木或藤本状灌木。平均株高可达1米；枝条细长小枝有棱角，有时有毛，略呈藤本状；单叶对生、光亮，宽卵形或椭圆形，叶脉明显，叶面微皱，叶柄短而向上弯曲，有短柔毛。

茉莉花一般在初夏由叶腋抽出新梢，顶生聚伞花序；一梗生有花3~9朵不等，通常为3~4朵；茉莉花的花冠通常为白色，味芳香。

大多数种类的茉莉花的花期为每年的6~10月，由初夏至晚秋开花不绝；落叶型的茉莉花则是从冬天开始开花，花期为每年的11月~翌年3月。

茉莉花原产于中国江南以及西部地区和印度、阿拉伯一带，中心产区在波斯湾附近。目前主要分布在伊朗、埃及、土耳其、摩洛哥、阿尔及利亚、突尼斯以及西班牙、法国、意大利等地中海沿岸国家，印度以及东南亚各国也均有栽培。

茉莉花性喜温暖湿润，在通风良好、半阴的环境生长最好；以含有大量腐殖质的微酸性砂质土壤为最适合。

大多数的茉莉花品种都畏寒、畏旱，不耐霜冻、湿涝和碱土。冬季气温低于3℃时，茉莉花的枝叶就会遭受冻害，如持续时间过长还会导致其整株死亡。

亚洲的菲律宾和印度尼西亚都

趣味链接

《行香子·茉莉花》

——姚述尧（宋）

天赋仙姿，玉骨冰肌。
向炎威，独逞芳菲。
轻盈雅淡，初出香闺。
是水宫仙，月宫子，汉宫妃。
清夸苫卜，韵胜酴醿。
笑江梅，雪里开迟。
香风轻度，翠叶柔枝。
与王郎摘，美人戴，总相宜。

把茉莉作为自己的国花，并把它作为纯洁、热情、友谊、爱情的象征。

印度尼西亚人民把茉莉视为珍宝，并几乎家家都栽有茉莉花，有些妇女还把茉莉花放在蚊帐、衣服和饰物中，可见茉莉花在她们心目中的位置。

茉莉花花香清雅，可用于制作茉莉花茶、提炼香料等；也可入药治病。

“有生命的石头”——生石花

生石花又名石头玉，属于番杏科，生石花属物种的总称，被喻为“有生命的石头”。因其形态独特、色彩斑斓，成为很受欢迎的观赏植物。

生石花是一种在非洲南部及西南部的干旱而多砾石的荒漠中的奇

特拟态植物。生石花在没有开花时，就像是被丢弃在黄沙中的一堆堆半埋碎石块。这些“小石块”有的呈灰绿色，有的呈灰棕色，有的呈棕黄色；其顶部或平坦或圆滑；有些嵌有深色的花纹，有些周身布满深色斑点。这些都是生石花的“伪装术”。其实这些“小石块”就是生石花肉质多浆的叶子。

生石花的花期为每年的6～12月份，这时正值南半球的冬春时节。每天中午，或黄或白或玫瑰色的花冠，就会从生石花的“石缝”中钻出来，通常大如酒盅。生石花在盛开时，就像是点缀在沙漠这床“黄色床单”上的小碎花，异常美丽。

趣味链接

目前世界上已知的和生石花类似的植物大约有100余种。它们几乎都生活在非洲大陆的南部。

虽然从外形上来说，它们非常的弱小，但是它们利用自己天然的拟态伪装术骗过了无数食草动物，保护了自己的生命。

唯恋月色的昙花

昙花又名琼花、月下美人、夜会草、韦陀花，为仙人掌科昙花属附生植物。

花卉中的大多数都是在白天开花的，当然也有例外，昙花就是其中第一种。昙花通常都是在日落月升之后，才会迎月而放。难道昙花真的是只偏爱夜晚吗？

其实昙花夜半开花是与其最初的生长有关的。

昙花原产于美洲的沙漠地区，那里气候干燥，白天气温极高，水分蒸发量。为了适应这种严酷的生存环境，昙花在不断的进化中形成了较

为特殊的形态构造，它们的叶子褪化成了针状，扁平的叶状茎代替叶子进行光合作用；而为了避免被阳光灼烤，昙花也形成了特有的开花习性，它们通常都是在夜里8~9点钟才开始开放，从开到谢只有三四个小时，故此人们经常用“昙花一现”来形容事物、现象的稍纵即逝。

昙花不仅以它开花时间短、又都在晚上不易被看到而被人们视为珍宝，更主要是由于它美丽多姿的花朵使人迷恋。

昙花开花时，首先是在扁平的叶状枝条边缘凹处长出一个花蕾，花蕾下部是一个下垂的长花筒，其外包着紫降色的裂片，花蕾的上部包看20片左右的花瓣；初开时，当下垂的花筒慢慢翘起后，洁白如雪的昙花镶着淡紫降色的外围，便渐渐显露出来，散发出浓郁的香味。昙花皎洁的花朵十分娇艳、婀娜动人。

但这种美总是在人们还意犹未尽的时候就渐渐消失了，开花后数小时，昙花的下筒就开始垂下，花谢凋萎。令观者只能叹惋。

冰清玉洁——玉兰花

玉兰别名白玉兰、望春花、玉兰花，原产自我国中部山野中，目前在世界各地庭园中均有栽培。

玉兰花是我国名贵花木之一。早在唐代时，就已有庭园栽培

的记载。

玉兰花是一种高大落叶乔木，高可达30米，属于木兰科木兰属植物。

玉兰花朵硕大，洁白如玉。每当早春盛开时节，满树晶莹清丽，如冰似雪，远远望去，犹如雪山琼岛，美不胜收。

我国明代著名才子文徵明曾经作《咏玉兰》赞其清雅美姿：

绰约新妆玉有辉，素娥千队雪成围。
我知姑射真仙子，天遗霓裳试羽衣。
影落空阶初月冷，香生别院晚风微。
玉环飞燕元相敌，笑比江梅不恨肥。

玉兰性喜光，较耐寒，可露地越冬；爱高燥，忌低湿，渍水易烂根；喜肥沃、排水良好而带微酸性的砂质土壤，在弱碱性的土壤中也可生长。

目前，我国境内种植的玉兰花大约有30多种。

圣洁之花——百合花

接叶有多种，开花无异色。

含露或低垂，从风时偃仰。

这是后梁宣帝之子萧察所作的描写百合花的诗文。萧察以清词丽句描摹了一帧诗意浓厚的百合图。全诗虽只有20个字，却将百合花花容清新自然、优雅诱人之姿描写的入骨入髓。

百合属百合科百合属多年生草本球根植物，主要分布在亚洲东部、欧洲、北美洲等北半球温带地区。中国是其最主要的起源地之一，原产品种约有50多，是百合属植物自然分布中心。

百合花是多叶茎草本植物，越冬时形成无被鳞茎；部分分布于北美洲的百合的鳞茎基部会长成根状茎，上长有很多小鳞茎；也有一些百合具有匍匐茎。大多数种类的百合鳞茎需深埋，但也有一些物种的鳞茎要浅埋在土壤中。很多百合还会长出茎生根。百合的鳞茎在土壤中自然生长，每年新生的茎在破土而出时偶生根，这些根可以辅助鳞茎基部的根。

百合中的大多数品种都属于落叶植物，但也有小部分百合（如白百合和松树百合）在休眠期时会长有基生莲座叶丛。

百合的种子一般在每年的夏末时节达到成熟。百合属有着各不相同且复杂的繁殖方式，很多百合能很好地适应冷温带气候。

百合花是非常美丽的花卉，

且具有非常浓厚的香气。百合花有6枚被片，花色繁复，有白、黄、橙、粉、红、紫、绿等色，部分具有斑点、条纹或镶边。

我国有着非常悠久的栽培百合的历史，南北朝时的百合题诗中就有不少是赞美它的。现在，欧洲栽培的百合花，有些是从我国移植过去的。如布隆氏百合花，就是由英国商人引种到英国的；而著名的王百合，也是英国人威尔逊从我国四川引种百合栽培成功后，又引进日本百合育成的世界名种。

百合花素有“云裳仙子”之称，以其高雅纯洁的形象，被天主教天主教赋以玛利亚的象征；而梵蒂冈也把百合花作为民族独立的象征，并将其定为自己国家的国花。

百合的种类分食用和花用两类，如鹿子百合，麝香百合、湖北百合、青岛百合等，鳞茎很小或味苦，不宜食用。可是这些百合的花却十分艳丽，是优美的观赏花卉。

百合除了可供观赏外，有些品种还可作为蔬菜食用和药用。百合的鳞茎营养丰富，含淀粉21.7%，粗蛋白4.5%，是滋补上品，还可制淀粉；

中医学上可入药，性微寒，叶甘，功能润肺止咳、清心安神，主治痨病咳血，虚烦惊悸等症。

花中之魁——杜鹃花

杜鹃花属植物俗称杜鹃花，简称杜鹃。全世界的杜鹃花属原种大约有960种，于中国境内有570余种。杜鹃花是尼泊尔的国花，同时也是我国无锡、镇江、三明、长沙、韶关、珠海、大理、嘉兴、台北、新竹的市花。

有一种说法，称杜鹃花、报春花、龙胆花为“中国三大名花”，且杜鹃花位居其首，可见我国人民对它的喜爱。

竞相开放的杜鹃花开满了整片山坡

杜鹃花，又名映山红，属杜鹃花科，半常绿或落叶的小灌木。

杜鹃最高的株高可达20余米，矮的仅二三十厘米。

杜鹃花的叶油绿，呈卵状椭圆形，为互生。

杜鹃花通常在春夏开花，也有部分品种四季开花。杜鹃花种间的特征差别很大。通常花顶生，花数不一，核花骨朵颜色丰富多彩，为5瓣花瓣，在中间的花瓣上有一些比花瓣略红的红点。

杜鹃花的花色也是十分丰富的，有红、蓝、白、黄等颜色。每到花开时节经常是花团锦簇，令人心旷神怡。

杜鹃花的生命力极其顽强，既耐干旱又能抵抗潮湿。所以无论是生长在烈日或阴暗处都可以成活。杜鹃花的根非常浅，但分枝较多，能固定在表层泥土上。

杜鹃花是非常厉害的吸尘植物，其叶片长满绒毛，既能调节水分，又能吸住灰尘，非常适合种在人多车多、空气污浊的都市中。

杜鹃花喜欢疏松的微酸的土壤，较耐寒，喜欢阴凉、湿润的环境。杜鹃花喜酸性土壤，因此常被作为酸性土壤的指示植物。

杜鹃花不仅极具观赏价值，而且还可入药治病。杜鹃花因为苦、涩、凉且有毒，所以在《中华本草》中指出其可外敷祛瘀消肿、解毒、止血，主跌打瘀肿、外伤出血、皮肤疥疮、肿毒等症状，但“不可内服”。

魔幻之花——郁金香

郁金香在植物分类学上，是一类属于百合科郁金香属的具鳞茎草本植物，又称洋荷花、旱荷花、草麝香等。

郁金香最初的种植非常广阔，从南欧、西亚一直到东亚的中国东北一带都是原产地。到目前为止，全世界已知的郁金香品种大约有2000多个，但种植量较多的大约只有150种。

郁金香一直被认为是一种有魔力的花朵，可以令许多园艺家倾家荡产地扑在郁金香的品种改良上。欧洲人还因此称其为“魔幻之花”。

郁金香是多年生草本植物。其鳞茎呈扁圆锥形或扁卵圆形，长约2厘米；具棕褐色皮股，外被淡黄色纤维状皮膜。郁金香的茎叶光滑具白粉；通常为3～5片；叶片呈长椭圆状披针形或卵状披针形，长10～21厘米、宽1～6.5厘米；基生者2～3枚，较宽大；茎生者1～2枚。

郁金香的花茎高约6～10厘米；花单生茎顶，大形直立，呈杯状；基部常黑紫色。郁金香的花葶长35～55厘米；为单生，直立，长5～7.5厘米；花瓣为6片，呈倒卵形；花色有单色也有复色，白、粉红、洋红、紫、褐、黄、橙等深浅不一，一部分品种会具黄色条纹和斑点；雄蕊6枚，离生，花蕊长0.7～1.3厘米，基部着生，花丝基部宽阔；雌蕊长1.7～2.5厘米，花柱3裂至基部，反卷。

郁金香的花型因品种的不同也会有所差别，其中包括有杯型、碗型、卵型、球型、钟型、漏斗型、百合花型等。

郁金香是荷兰和土耳其的国花，其中荷兰更是被称为是“郁金香

趣味阅读

荷兰人对郁金香的热爱是令人无法想像的。

据史料记载，在17世纪中期，荷兰人对郁金香种植几乎到了狂热的地步。为了获得好的品种，人们不惜变卖家财，投资郁金香。

大阿姆斯特丹的一条街上，有幢房屋墙壁上嵌有一块石板，镌刻着下面几个字：“此屋出售，价3支郁金香。”

种花人甚至豪掷1 000英镑，只为获得一个郁金香的花头。有人为了买一株名贵的郁金香品种，不吝竞相出价：麦24担、谷48担、公牛4头、肥猪8头、山羊32头……还有许多衣服和金饰，总值在2 500荷币以上。

之国”。荷兰现在已经成为世界上最大的产花国，主要有郁金香、风信子、百合花、生石竹、马蹄莲、鸢尾、一品红、仙客来等。荷兰最早是从土耳其引进郁金香的。相传在16世纪时，一位奥地利驻土耳其使者，看到了颜色华丽的郁金香，就把一些球茎带回维也纳，而奥地利宫廷中的一个荷兰花匠又把它带到了荷兰，结果荷兰人第一眼看到华贵幽雅的郁金香，就爱得发狂。

坦桑尼亚国花——丁香

丁香为桃金娘科丁香属落叶灌木或小乔木。因花筒细长如钉且香而得名。

丁香花是著名的庭园花木。其花序硕大、开花繁茂，花色淡雅、芳香，习性强健，栽培简易，因而在园林中广泛栽培应用。

丁香花具有两性，呈顶生或侧生的圆锥花序。

丁香花的花色多为紫、淡紫、蓝紫，也有白色紫红及蓝紫色。

丁香花喜充足阳光，也耐半荫，适应性较强，耐寒、耐旱、耐瘠薄，病虫害较少；以排水良好、疏松的中性土壤为宜，忌酸性土；忌积涝、湿热。丁香对二氧化硫及氟化氢等多种有毒气体，都有较强的抗性，故又是工矿区等绿化、美化的良好材料。

丁香花是坦桑尼亚的国花，而坦桑尼亚也被称为是“丁香之

国”，坦桑尼亚的奔巴岛和桑给巴尔岛上到处都有丁香树的身影。就算你只是不经意的回头一瞥，也会有缀满丁香花的丁香树映入你的眼帘。如此广泛的丁香种植，足见坦桑尼亚人民对丁香的钟情。

坦桑尼亚丁香是属于桃金娘科的常绿乔木，与我们常见的属于木犀科的丛生灌木紫丁香不是一个种属。这种洋丁香树可高达20米。革质长卵形的叶子对生着，油绿茂密。一二月间，丁香结蕾，呈聚伞状花序，成熟后为鲜红或金黄色，含芳香挥发油，香气沁人心脾。每到丁香结蕾季节，奔巴岛和桑给巴尔岛上四处飘香，名副其实成了“世界上最香的地方”。

丁香是名贵的香料和药材，花蕾中提取的丁香油是重要香料，花蕾晒干为中医所谓的“公丁香”，花后结实为中医所谓的“母丁香”，性温、味辛，有温胃降逆的功率。

马来西亚国花——朱瑾

朱槿是一种属于锦葵科木槿属的常绿灌木或小乔木，又名赤槿、日及、佛桑、扶桑、红扶桑、红木槿、桑槿、火红花、照殿红、宋槿等。

由于朱瑾原产于中国南部，所以在欧洲各语系依循其拉丁学名皆称朱槿为中国玫瑰。

朱槿自古以来就是一种非常受欢迎的观赏性植物，且在我国有非常

趣味链接

欧洲是五大洲之中唯一没有发现任何原生种朱槿的大洲。而朱瑾最初在欧洲大陆出现，是在17世纪的航海时代。

当时的欧洲人接触到这种从未见过的花卉时，很自然地从其外观复瓣的花型酷似玫瑰且原产自中国为其命名，这就是朱槿今日的学名隐含有“中国玫瑰”的原因。而其拉丁文名称sinensis中也含有“中国的”涵义。

悠久的种植历史。在西晋时期的著作《南方草木状》中就已出现了关于朱槿的记载。现今大批新种杂交的观赏朱槿在全世界广受欢迎，澳洲有人先称此新种朱槿为“热带花后”已获得大家认同，在热带及亚热带地区多有广泛种植，而在温带的美欧地区对朱槿也是热爱不减。

朱瑾是马来西亚的国花。在马来西亚的盾形国徽上就绘有一朵象征君主的红色国花——朱瑾。马来西亚人用这种红彤彤的花朵，比喻热爱祖国的烈火般的激情；也有人比喻为革命的火种洒满大地而燃起熊熊大火，使殖民者畏惧后退。

朱瑾一般高1~3米，叶互生，长卵形，端尖，顺缘有粗锯齿。

朱瑾的花朵有红、粉红、黄、黄白等色，其中尤以红色为贵；单瓣花朵硕大繁茂，5片花瓣鲜艳夺目，阳光映照，烁烁如焰；重瓣花色彩斑斓，丰富厚实，可同北国牡丹相媲美，因此又叫它“朱槿牡丹”。

朱瑾喜光，为强阳性植物，喜温暖、湿润气候，喜肥沃土壤，但不耐寒冷。长江流域及其以北地区多温室盆栽。扶桑在阳光充足、肥沃而疏松的土壤中扦插，很容易成活和繁殖。

朱瑾在我国南方栽

培很广。特别是在广州，由于温度适宜，四季花开不断；而在夏季，更是花多繁茂，红绿相映，十分壮观，有“广州牡丹”的美誉。

朱瑾除了可供观赏外，其经济价值也很高。朱瑾的花、叶、根均可入药。叶性味甘平，有清热解毒作用；花性味甘、凉，有清肺、化痰、凉血、解毒作用；根味涩，性平，有消炎、止咳、活血作用。

澳大利亚国花——金合欢

澳大利亚人喜爱美丽且花期长的金合欢，把它誉为国花。

金合欢是澳大利亚重要的绿化树，街道、广场、庭院，处处都可看到它婆娑的身影。

金合欢是豆科落叶乔木。其叶呈羽状，复叶，镰形的小叶很多，排列整齐，夜间成对合拢，白天自行展开，所以人称它为“合欢”。夏季开花，头状花序，一簇簇金黄色的长长花丝宛如金灿灿的绒丝球，散着淡淡的清香，所以人们又称它为“绒花树”。秋天，结出一串串条形夹果，扁平，不易开裂。

金合欢在世界分布很广，我国的华东、华南、西南栽植也相当普遍。它不仅是绿化树，也很有经济价值。木材红褐色，纹理直，结构密，可作家具和建材；树皮可提取烤胶；花和树皮可以入药。

世界上最臭的花——泰坦魔芋

泰坦魔芋，又称“尸花”、“尸臭魔芋”，是植物学家于1878年发现。

泰坦魔芋原产于印度尼西亚苏门达腊的热带雨林地区，花朵的直径长1.5米，高则将近3米。由于其有腐烂尸体的气味，故被称作“世界上最臭的花”。

泰坦魔芋的花冠其实是肉穗花序的总苞–天南星科植物特有的“佛焰苞”，花蕊其实是肉穗花序。它有着类似马铃薯一样的根茎。等到花冠展开后，呈红紫色的花朵将持续开放几天的时间，散发出的尸臭味也

趣味链接

泰坦魔芋在野生的状态下不常开花，而在人工栽培的环境下会开花的个体也是十分稀少。

2011年5月16日，世界上最大的草本花序泰坦魔芋在北京植物园大温室内开花了。

这株开花的泰坦魔芋是一株已培育了7年的个体。

由于在全世界范围内有记载的泰坦魔芋的开花记录也不过90次。所以北京植物园特地为其征名。

会急剧增加。

当花朵凋落后，这株植物就又一次进入了休眠期。而它散发出的像臭袜子或是腐烂尸体的味道，是想吸引苍蝇和以吃腐肉为生的甲虫前来授粉。它非常艳丽，比你能想像到的任何东西都要美，然而这种美得出奇的花朵确实是生长在这个星球上的，现在依然还有存在于世界之中。

泰坦魔芋花的特点就是它散发出的味道，和一般的花朵不同，它不但没有香味，还臭的惊人，闻起来很像腐烂尸体发出的气味，这种气味正是泰坦魔芋“传宗接代”的法宝，它能吸引昆虫到自己身上产卵，等幼虫发育成熟，就可以帮自己传播花粉了。

英雄花——罂粟

罂粟，罂粟科植物。罂粟花是罂粟的花朵。

罂粟全株粉绿色，叶长椭圆形，抱茎而生；夏季开花，花顶生，具长梗，花茎长12～14厘米；萼片2，长椭圆形，早落；花瓣4，有时为重瓣，圆形或广卵形，长与宽均为5～7厘米，白色、粉红色或紫红色；雄蕊多数，花药长圆形，黄色；雌蕊1枚，子房长方卵圆形，无花柱，柱头

7～15枚，放射状排列。

罂粟花原名英雄花，象征了十二宫星座中的天蝎座。

罂粟花是一种非常美丽的花，罂粟花的意义是一种能引领人走向毁灭的诱惑。罂粟花的美丽象征了一种自我毁灭的追求。

趣味链接

罂粟花语

人们关于罂粟花的花语说法不一。对很多不同种类的罂粟花也赋予了不同的涵义。下面就为大家介绍几种罂粟花的花语。

- 红罂粟——安慰。
- 白罂粟——遗忘，初恋。
- 东方罂粟——顺从，平安。
- 美女罂粟——美丽。
- 长荚罂粟——休息。
- 角罂粟——耐心。

第四章
Chapter 4

植物家族的奇特成员

在体系庞大的植物家族中，有非常多“个性”十足的成员，它们总是以各种奇妙的特征吸引着人们的注意力，令人为其赞叹。

最奇特的捕虫植物

绿色的植物王国里，种类纷繁，无奇不有。据统计，全世界共有食虫植物400余种，我国分布有30余种，其中主要有：

猪笼草

猪笼草又名雷公壶，是一种蔓生草本植物，属于猪笼草科，猪笼草属，生长在我国的海南岛一带。

猪笼草的叶子长得十分奇特，它的中部变成卷须状，可以攀援它物，在它的端部长着一个圆筒状的笼子。笼子上有一个半开着的盖子，笼口有腺毛分泌蜜汁，贪食的昆虫受着蜜汁的诱惑，爬进笼内的，常常会因笼子内壁的光滑的蜡质构成而不小心落入笼底。这时，笼盖会关闭得严严实实，笼底的消化液会把昆虫渐渐消化、吸收掉。

猪笼草的捕虫笼颜色艳丽、花纹多样，大小不一。小的如拇指般大小，大的甚至可以容纳1～2升水。

在我国北京植物园和华南许多植物园里都可以看到

它的身影。

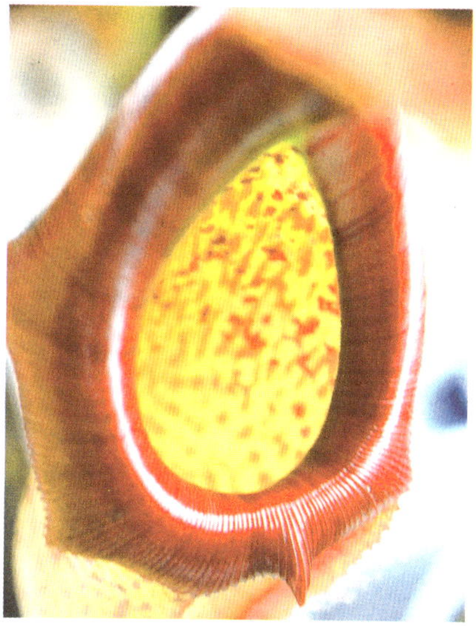

茅膏菜

茅膏菜属茅膏菜科，为多年生草本植物。它只有10厘米高，叶子有细柄，长约1厘米，叶片变成盘状的捕虫器，在叶缘和叶面上密生着许多腺毛，腺毛能分泌黏液，当小虫失足爬到其叶片上的时候，那无情的腺毛受到刺激就会向内卷缩，牢牢地抓住小虫，腺毛分泌的消化液渐渐将虫体消化吸收。之后，腺毛又慢慢张开，等待其它倒霉的小虫到来。

茅膏菜主要分布于我国东南各省，常见于林下、草丛等低湿的地方。茅膏菜全草入药，有治疗胃痛、赤白痢、小儿疳积、跌打损伤之功效。

毛毡苔

毛毡苔也属于茅膏菜科。它和茅膏菜是一对贪食的亲兄弟。它的体形很小，大约有20厘米高。夏日里抽出花茎，开着白色的花朵。它的叶子平铺在地面上，叶柄很长，叶片像一个小圆盘，是紫红色的，上面长着许多腺毛，能分泌出许多有甜味的黏液，当虫子或苍蝇光顾的时候，被黏液沾住，叶片迅速闭合，虫体被消化液消化而吸收。

毛毡苔主要分布于长江流域和广东等地，常可在山坡湿地和马尾松林

趣味链接

植物吃虫为什么？

通常绿色植物是自食其力的，那为什么还要食虫呢？

原来，在很久以前，它们的祖先生长在氮素养料十分缺乏的酸性土壤或池沼中，经过长期的生境适应，一部分叶子就变成了形形色色的捕虫器，靠消化小虫来作为营养的补充。

旁的草地上见到它的行踪。

狸藻

狸藻是一种柔软的沉水植物，常见于我国各地的池沼中，其茎细长，上面长着许多小囊，囊上有一小口，口周围有倒生的刚毛。水中的小虫随水流进入小囊，便陷入图圄，再也出不来了。

瓶子草

瓶子草属瓶子草科，为多年生草本植物，其叶为瓶状，尖端有一个小叶片，像瓶盖一样。在瓶口内壁密生倒刺，昆虫陷入之后，有进无出，最后被消化吸收。

无茎无叶——大花草

在印度尼西亚苏门答腊的热带森林里，生长着一种十分奇特的植物，它的名字叫大花草，号称世界第一大花。

大花草是一种寄生性植物，又名大王花、霸王花。它一生中只开一朵花，花朵的直径约为1米，最大的直径可达1.4米，最重可达11千克。

这些大花草的奇特不仅仅是其巨型的花朵，还因为其无根无茎无叶，且散发着刺鼻的腐臭味。

大花草专靠吸取别的植物的营养来生活，整个花就是它身体的全部了。大花草的花朵正中有一个洞，能够承起7~8千克的水。这种花有5片

又大又厚的花瓣，整个花冠呈鲜红色，上面有点点白斑，每片长约30厘米，仅花瓣就有6~7千克重，因此看上去绚丽而又壮观。人们现在还能在印尼地区的苏门答腊岛和婆罗洲发现这种寄生植物。

大花草从藤本植物上吸收来的全部营养几乎全部供应花的生长。它的种子很小，用肉眼几乎难以看清。它的种子传播也有点懒气，小种子带粘性，当大象或其它动物踩上它时，就会被带到别的地方生根、发芽，进行繁殖。

大花草的花期一般为4天，花期过后，大花草逐渐凋谢，颜色慢慢变黑，最后会变成一摊黏乎乎的黑东西。不过受过粉的雌花，会在以后的7个月渐渐形成一个腐烂的果实。灿烂的花结出了腐烂的果实，这也算是植物界的一个奇观。

“神机妙算”的“花神仙”

在我国山西省古县石壁乡三合村有棵牡丹，相传植于唐朝武则天时代。每逢春天沐雨绽放，根据其花朵便可知当年收成的好坏：花繁则丰

产；花稀则歉收。年年如此，十分灵验。

无独有偶，在印度尼西亚爪哇岛的潘格兰格火山上，也生长着一种奇妙的“报警花”。每天当地火山爆发的前夕，它就开放出黄色的花朵，十分灵验。

植物演奏家

在非洲中部的扎伊尔蒙博托湖上，生长着一种水笛花，每当微风吹来时，水笛花就会随风奏出悦耳优雅的笛声。原来，这种好似荷花的花，花朵大，其基部有4个气孔，孔的内壁覆盖着一层透明的薄膜，由于风由气孔进入，振动了薄膜，就会发出悦耳的笛声。

在巴西密林中，有一种叫“莫尔纳尔蒂”的灌木，白天会发出一种徐缓的乐曲声，委婉动听。可是一到晚上，它又会发出一种呻吟啜泣声，哀怨低沉。一待东方发白，它又转而发出悦耳的乐曲声。经研究，这与阳光照射有关。

喜爱握手的花

在非洲的喀麦隆土地上，生长着一种奇妙的握手花，每当其花瓣受触动或刺激时，它便立刻紧紧收缩。

有趣的是，一旦有人用手触摸花瓣，花瓣就会握住你的手，故称“握手花”。

具有辨识能力的植物

在植物家族中，有很多成员具有辨识方向和记录时间的能力。

南部非洲大那马瓜沙漠中，有一种叫“哈斯盟特”的花，因地处赤道以南，太阳是从北方照来的，它就像向日葵一样，花朵总是向着北方，因而得名“指北花”。

而我国青海湖畔和新疆玛内斯草原上，则长着一种小圆瓣花，早晨七八点钟淡黄色；十二点是橙红色蝶形小花；晚上七八点是白色，且有茉莉花香，人们看到花的颜色就知道早、中、晚时间了。

懂得舞台特效的花

我国广西有一种被誉为“魔术花”的花。

它在每年的春季长出形如桂花的小花苞，4~5月间，每株有六七百朵花相继开放。

最奇特的是，“魔术花”在从开放到凋零的整个阶段中，就像是懂得运用舞台特效来衬托自己的花开一样，会非常有规律地喷射出一缕缕白色气体，形成直径约为3厘米的烟圈，射到高约20厘米的位置，然后散开，花朵也逐渐变为透明状。

这一奇观平均会持续40天以上，直到花完全凋谢为止。

植物界的“催眠大师”

在坦桑尼亚的坦噶尼喀山野中，生长着一种具有很强催眠作用的“木菊花”。不论是人或是动物，只要闻到它的气味儿，就会很快地进入昏迷状态；如果闻的时间长了，甚至会昏睡数天。当地人利用这一点，将它用在捕捉野兽等方面。

无独有偶，在埃塞俄比亚的支利维纳山上也生长着一种类似的植

物，它就是神奇的醉草。醉草通常株高三四十厘米，在多刺的茎上长着十多片绿叶，叶面上布满了细孔。这些叶面细孔中会分泌出一种芳香扑鼻的醉人物质——烈香脑油。它虽然对人体无害，但是闻多了人便会喝醉了一般，倒地不起。

芳香四溢的“花信封”

在西印度洋的维尔京群岛上生长着一种信封树。这种树开白色大花，每朵都由18个花瓣组成。奇怪的是，这些花瓣都是双层的，活像一只只密封的小袋子。岛上居民把它晾干，剪去一边，做成一只只散发着阵阵幽香的信封。

据说，该岛的居民正在筹办一个信封公司，准备世界各地出售这种“花信封”。

朝雄暮雌的印度天南星

印度天南星是天南星科多年生草本植物，它常生长在温带和亚热带地区潮湿的林下或小溪旁。

印度天南星的植株有3种类型，即雄株、雌株和无性别的中性株。

有趣的是，这3种不同性别的植株间并不是绝对的，而是可以互相转变的。并且这种性别的转变可以发生多次，年复一年地进行，非常不可思议。

植物界的“绿色杀手”

在中非，生长着一种名为“绿色杀手”的植物。这种植物的叶片小且柔软；其枝条呈放射状铺在地上，如同一片绿色的地毯。

从外表上看，与普通植物并没有太大的区别，但是当人或动物靠近它们时，它们的枝条就会迅速跃起，把人或动物裹得严严密密，然后慢慢吸食其血，直至将血吸干为止。

停不下来的天然“舞者”

我们经常可以看到花花草草迎合着风雨，灵动地“起舞”。但是有一种草，就算没有外力的帮助也可以自由跃动。

跳舞草能够十分可爱地自己摆动，而普通的草只能借助外力实现摇摆。图为迷人的草地

在印度生长着一种跳舞草，这种跳舞草仿佛就是为了跳舞而生的。即使在无风的情况下，它呈弧形的两个叶片也会像钟表的指针一般，回旋不息地运动。到了夜间，它们中的大多数会停下“舞步”、稍作休息；但也有一些精力充沛的个体，完全不在乎周围的一片漆黑，不停地扭来扭曲，十分可爱。

择地而居的“奔跑者”

我们常见的植物，在没有外力帮助的情况下，通常都只能在一个地方生长。但有一种树，却是择地而居的“奔跑者”，这种树是生物学家们在美国发现的，当地人称其为“苏醒树”。

猪毛草能够靠着随风“奔跑”的本领，将自己的种子带到较好的生存环境中。

“苏醒树”在水分充足的地方能够安心地生长，且非常茂盛；一旦其生存区域出现干旱或缺水的情况时，它就会把根从土中抽出来，卷成一个球体，然后随风而行。直到遇到一个“宜居”的地方，才会再次打开卷曲的根，“舒筋活骨”地将根部插入土中，开始新的生活。

藜科的草本植物猪毛草，也是一种非常典型的“跑路植物”。猪毛草通常都是成群地丛生在田野路旁、沙丘荒地或盐碱化沙质地区，且分布相当广泛。

猪毛草会在每年的八九月份开始逐渐干枯，干枯后的猪毛草非常脆弱，只要一阵风吹过，就会将其从茎基部吹断。这时候，猪毛草就会顺着秋风，带着自己成熟的种子去寻找新的栖居地。

在南美洲的沙漠上，还有一种叫做卷柏的植物有着和苏醒树、猪毛草非常相似的习性。每当干旱季节来临，卷柏就会从土中将根部抽出收起，然后将自己整个身体卷成一团，随风游走。遇到适宜其生长的环境再重新扎根。

除了苏醒树、猪毛草和卷柏，还有很多类似的跟着风儿“跑路”的植物，例如分布在亚欧各地的防风和刺藜、秘鲁的步行仙人掌等。

沉睡千年的古莲子

提起莲子，人们并不陌生，但说到古莲子，恐怕知道的人就不是那么多了。

1923年，日本学者大贺一郎在我国辽宁新金县普兰店一带进行调查时，在距今500~2000年的泥炭层中采到了一些古莲子，并培育使其发了芽。

1952年，北京植物园的科研人员在辽宁新金附近的泡子屯，一个干枯的池塘里挖掘出一些古莲子，并使这些莲子发了芽。甚至到了第3年这些古莲还开了花，结出了丰硕的果实。

莲子是我们非常熟悉的一种食物

1974年，科研人员又对在库房的布袋内放了22年之久的古莲子进行发芽试验，4天后，发芽率竟达到了96%。

1975年，大连自然博物馆的科技工作者在新金县孢子乡附近的灰褐色泥炭中，再一次采集到了古莲子。1985年5月初由大连市劳动公园植物园进行培育试验，经过3个月的精心培育，于同年8月中下旬开花。

1995年，美国洛杉矶加州大学研究人员，使一颗在大连普兰店莲花泡发现的，具有1200年历史的莲子发芽，该大学植物生理学家简·舍恩米勒描述说："这颗沉睡了1000多年的莲子经过4天的培育之后，就像现代莲子一样出芽了。"

古莲子开的花与现代荷花就其植株外貌来说并没有什么大区别，但就古莲子与现代莲子本身来说，却有许多非常不同的地方。例如，古莲子个体小且轻，外表光滑黑亮，无花柱残存，含水量低、吸水率高，吸水、发芽速度快。

莲是一种古老的植物，在植物进化系统上具有很高的研究价值。人们曾把它和水杉相提并论，称之为“中国的两种绝妙植物”。

植物界的木乃伊

在十分久远的远古时代，现在的北京地区气候温暖湿润、植物繁茂、森林密布。之后随着地壳运动、火山爆发，大片森林与火山堆积物一起迅即被埋入地下。这些树体在未来得及燃烧的时候就与空气隔绝了，被埋藏在含有丰富的硅质和钙质的火山堆积物中，在漫长的历史时期里，被埋藏的树体的有机物质和矿物质发生交代作用，使这些树体变成了石质。虽然外表上还能看到木质的结构，但其内部已完全为矿物质所代替。

在北京的西山和燕山地区曾发现过不少这样的木化石。它们可说是远古时代树木遇到不测之灾后剩留的遗体。

趣味链接

硅化木是最常见的木化石，往往在含硅较多的沉积岩、火山灰堆积以及温泉附近的沉积中发现。

在北京延庆盆地的东北部，距延庆县城50千米处，在东西宽600米，南北长2500米的山坡上，在灰黑色炭质页岩及黄绿色砂岩中，集中保存了数十株硅化木。其中最大的直径有2.5米，最小的0.6米，纹理十分清晰，仿佛采伐过的树桩，也有的经过滚动，堆积于山谷之中。据测定，这些硅化木群距当初的森林时代约有1.6亿年。

人们还在江西省乐平县发现了10余株硅化木，其中有一株直径达110厘米，长约23米，为我国目前已知最长的硅化木化石。

我国迄今发现的最古老的木化石当推1981年在湖南澧县一带发现的巴尔兰德。这是一种不足1米的陆生植物，生存于距今3.6亿年的中泥盆纪晚期。人们也曾在捷克斯洛伐克、挪威、美国等地发现过它的踪迹。它的发现为我国古生物学的研究提供了可靠的实物证据。

我国是世界上发现木化石最早的国家。宋朝沈括的《梦溪笔谈》中就曾有过记载；《旧唐书》中有“仆谷东界有康干河，松木入水历一千年则化为石，谓之康干石”的说法。

我国也是世界上木化石最丰富的国家之一，根据现有资料，木化石的踪迹几乎遍及全国各省。

我国到目前为止，已发现有雪松、云杉、红杉、台湾杉等属树木的木化石，但它们都是裸子植物，至今，我国还未发现过一块被子植物的化石。

木化石是珍贵的历史资料，通过它可以研究地质演化历史，揭示远古时代古气候和古地理环境以及植被的原始情况。

为了研究方便，科学工作者常要把木化石磨成极薄的薄片，置于显微镜下观察，就能清晰地看到细胞完好的结构，以此来鉴定它的种类。

植物界的洗衣能手

在阿尔及利亚生长着一种能洗衣的树——普当，这是一种生长在碱性土壤上的常绿乔木。

普当粗枝叶阔，浑身赭红，远看犹如红漆的柱子。在普当的树皮上有许多的细孔，并且有黄色的汁液流出。这些液体里含有大量的碱性物质，具有很强的去污作用。

普当在当地语言中的意思是“能除污秽的树”。用它洗涤衣物非常洁净、清爽，因此人们也称它为“洗衣树”。利用普当洗衣服是非常简单的，人们只要把脏衣服捆在树身上，几小时后，在清水中漂洗一下，就很干净了。

阿尔及利亚的土壤是著名的盐碱性土地，又是暑酷冬暖，树叶的蒸腾作用极大，为了补偿失去的水分，树根从土壤中吸收大量含碱的水分，这给普当树本身带来了极大的危害。为适应这一环境，普当不得不在自己身上“造”出许多细孔，专供排碱用。这是生物适应性的一种表现形式，是自然选择的结果。

植物界的天然“发电机”

虽然发电植物的电力没有闪电那么强，但是被电到的人同样会感到不舒服。

印度有一种奇怪的树，无论什么时候，都没有鸟类或昆虫敢在上面停留。如果有人路过，碰触到其树干或枝条，就会立即像触电一样难受。

科学家们通过用各种仪器对这种树进行测量，发现这种树有发电和蓄电的本领，而且蓄电量会随着时间的变化而变化。通常情况下，这种树在中午时候的电量最强，半夜时候的电量最弱。

令人发笑的植物

中东阿拉伯某些地区，有一种会使人发笑的植物。

这种植物上结的果实有豌豆那么大，果皮通常呈黑色。

如果贪嘴的人在不了解的情况下吃了这种果实，就会受到让人无奈的“惩罚”——大笑不止，而且这种情况可以延续半小时之久。当然了，如果懂得节制少吃一点，不但不会受到“惩罚”，反而会获得镇静的效果。当地居民常常用它来治疗牙痛。

怕痒的植物

在我国各地庭园中，常常可以看到一种树干光滑、好像脱了皮的落叶小乔木。这种树高约3～6米，叶片呈椭圆形；夏天会开淡紫红色的花，名字叫“紫薇”，也叫“百日红”。

这种树有个奇怪的脾气，如果我们用手指在它的树干上轻轻地一抓，其顶端的枝梢就会摇动起来，就像是被搔了痒的人不受控制的摇摆一样。

因此，很多人都把它叫做“怕痒树”。

紫薇的树干较光滑，就像是被扒光了树皮。

植物界的“晴雨表”

风雨花原产于墨西哥和古巴等地，在我国西双版纳地区也有这种植物。它常常在天气即将发生变化时开放，迎接风雨的来临。当地人们非常喜爱这种花迎着风雨开花的坚强性格，喜欢栽种它，用它来预报天气。

有人曾经在西双版纳遇到了暴风雨，亲眼看到了风雨花盛开的奇观。

那么，风雨花为什么能够预报风雨呢？

风雨花的学名是韭莲，属石蒜科葱莲属。

原来，在暴风雨到来之前，外界的大气压降低，天气闷热，空气中的水蒸气含量很大。在风雨花贮藏养料的鳞茎中，有一种控制开花的激素。当暴风雨快来时，由于气温高，气压低，这种刺激使开花激素猛增，促使它开放出许多的花朵。

在澳大利亚和新西兰，也生长着一种能预报天气的奇花——“报雨花”。这种花非常像我国的菊花，花瓣呈长条形，有各种不同的颜色和花姿，二者不同的是，报雨花的花朵比菊花大2~3倍。而且，它的花瓣对湿度比较敏感，当空气湿度增加到一定程度时，其花瓣就会萎缩，把花蕊紧紧地包起来；而当空气湿度减少时，它的花瓣又会慢慢地展开。当地居民在出门之前，总是要看一下报雨花，如果花开就不会下雨，如果花萎缩，就预示着将会下雨，因此人们亲切地称它为“植物气象员”。

多年生草本植物结缕草和茅草，也能够预测天气。当结缕草在叶茎交叉处出现霉毛团，或茅草的叶茎交界处冒水沫时，就预示要出现阴雨天。因此，有“结缕草长霉，天将下雨”、“茅草叶柄吐沫，明天冒雨干活”的谚语。

“爬墙”高手

在植物家族中，可以攀援的植物很多，如葡萄、扶芳藤、紫藤、凌霄、常春藤以及葫芦、丝瓜、牵牛花等等，它们都是爬墙攀高的能手。在攀援植物中最爱“爬墙”的、能耐最大的当属爬山虎。

爬山虎又名地锦，属于葡萄科爬山虎属，是一种落叶藤本植物。爬山虎枝条粗壮，生长十分迅速，如果栽培得当，2～3年后，就可爬满两三层楼房的墙壁。

为什么爬山虎能沿着光滑的建筑物表面不停地攀援上升呢?

原来，爬山虎的枝端生长着多而分枝的卷须，每个卷须顶端常常扩大成吸盘，当它一旦碰上硬物的时候，吸盘就会分泌出一种胶液，牢牢地粘在攀援物上。

爬山虎的叶像手掌，通常有3个裂片，它们在生长过程中相互嵌合，天衣无缝，春夏之日，远远望去，仿佛挂着一幅翠绿的壁毯。入秋之后，叶色如火，五彩斑斓，又仿佛是一块精美的织锦，令人百看不厌。

爬山虎的作用绝不仅仅是观赏。它作为一层绿色的屏障，可遮挡炎夏烈日的曝晒，具有隔热降温、防尘隔音的作用。

爬山虎在我国分布范围很广，几乎到处都有它们的踪迹。

爬山虎性喜阴湿，也有一定耐寒能力，对土壤及气候有较强的适应性。繁殖多用插条和压条。插条以硬枝或嫩枝扦插为主，容易生根，植株生长也较迅速。也可以用播种繁殖，但种子发芽率不高。爬山虎不仅可以绿化高大的建筑物，也可以在园林中布置假山、凉亭、长廊、用台、围墙、桥壁以及作为大型雕塑的衬景等。

植物界的“人形珍宝”

我们都知道人参是非常好的药用植物，它具有调气养血、安神益智、生津止咳、滋补强身的神奇功效，所以素被人们称为“神草”，被拥戴为“中药之王”。

人参之所以如此神奇，是由于它含有多种皂苷以及配糖体、人参酸、甾醇类、氨基酸类、维生素类、挥发油类、黄酮类等，对于增强大脑神经中枢、延髓、心脏、脉管的活力以及刺激内分泌机能、兴奋新陈代谢等，都具有很高的医疗作用。

人参是五加科多年生草本植物。它的茎约有四五十厘米高，叶有3~5个裂片，花很小，只有米粒般大，紫白色。被用于药用的部分主要是它的根。

中国是世界上最早产参、用参的国家。在古老的《神农本草经》中就已经提到了人参的名字。其后的历代名医如陶宏景、唐松敬、陈藏器、张仲景、李时珍等也都对人参作过高度评价。

东北是我国人参最著名的产区，人参的生长主要分布于吉林东部和长白山脉的抚松、集安、通化、临江等地，产量占全国总产量的90%以上。

人参分为山参和园参。山参为山野自生，生长年头不限，可生长几十年至百余年不等。园参为人工栽培，由种到收约需6年以上的时间。虽然其产量不少，但药效远不及野山参为佳。

人参素来是传统的出口物资，据说出口1吨人参相当于出口100吨大豆，可换回150吨钢材。人参的珍贵，不仅是因为它有“神功”，还因为它很“娇气”，适应能力很差。

人参既怕冷，又怕晒，但又需要温暖的阳光，只能生长在温带寒冷气候的有阳光斜照的山坡上。所以人参的采取和种植都十分困难。我国自唐朝时，就已人工种植人参。目前除东北三省大量栽培之外，河北、山西、陕西、甘肃、宁夏、湖北等省、自治区均有种植。

我们在看《西游记》的时候，应该都看到过“猪八戒吃人参果，食而不知其味”的片段。人参果呈扁圆形，如豆粒大小，生青熟红，十分

趣味链接

1981年8月，吉林省抚松县北岗乡4名农民，用了6个多小时挖出了一棵特大的年逾百岁的老山参，这棵山参重达287.5克，外形美观，紧皮、细纹，参须上长满匀称的金珠疙瘩。从颁头到须根长54厘米，是我国现存最大的一棵山参。目前，这棵山参陈列在人民大会堂的吉林厅中。

好看。其医药价值也很高，清代学者赵学敏在《本草纲目拾遗》中曾记述说："人参果秋时红如血，其功尤能健脾。"

藻类植物之王

藻类植物大部分生活在水中，它们种类繁多，形态迥异，大小悬殊。最小的只有一个细胞，在显微镜下才能观察到。而最大的可长达好几十米，甚至百米以上。这就是世所公认的"藻类植物之王"——巨藻。

巨藻形似海带，与海带是同宗兄弟，均属于昆布科。但巨藻要比海带大得多，它可以生活12年之久，如在适宜条件下，每天可以生长2米左右。每隔二三十天，其长度就可增加一倍，一般长达20～80米，大的可达百米甚至数百米以上。

巨藻的生长速度非常的快，最大的可达百米甚至数百米，就像是生长在海底的"参天大树"。

趣味链接

海底森林

巨藻可以在海底形成一片气势磅礴的“海底森林”，一般为0.5～2平方千米，最大的可达数百平方千米。一大片巨藻就像一道天然的防波堤，护卫着海岸、码头、船只免受惊涛骇浪的袭击。但巨藻也会缠住船桨，给船舶行驶带来麻烦。巨藻所形成的“海底森林”为鱼类及多种水生动物提供了栖息和繁殖的场所。

巨藻没有根、茎、叶，但有类似根、茎、叶的构造。它的根，称作假根，是分枝状的，但并不是用来吸收水分和养料的，而只是用它来固着在海底的岩石上，因此，又称作固着器。一棵大的巨藻，固着器直径可达 1 米左右。在固着器上长着又粗又长的柄，这就是巨藻的“茎”，柄上每隔十几厘米着生一张硕大的扁平叶片，叶片是披针形的，长可达 1 米左右，宽达十几厘米。巨藻的每个叶片都有一个叶柄，每个叶柄都有一个气囊，里面充满空气。巨藻就是靠它飘浮在海面上。巨藻的叶片里含有叶绿素，它可以直接从海水中吸收水分和养料，进行光合作用，自己制造食物。

巨藻繁殖后代是很有趣的。它的叶片上可以散发出许许多多的孢子，这些孢子长着两根鞭毛，能在水中游来游去，在它尽情遨游之后，就萌发长成丝状体，丝状体有雌雄之分，雄的丝状体产生精子，

巨藻的叶子可以散发出许多孢子，这些孢子能在水中自由地游来游去。

雌的产生卵子。精子也有两根鞭毛，仿佛两条船桨一样，使精子在水中游弋，当它遇到卵子之后，就与之融合形成合子。合子萌发，渐渐长成一棵新的巨藻。

会发光的植物

夏天，在树林里或草丛中，萤火虫飘飘逸逸地以它美丽的闪光和星星相映，这是大家都知道的生物发光现象。然而，植物也会发光，你见过吗？

若干年前，在江苏丹徒县，有很多人看见几株会发光的柳树。白天，这些在田边的腐朽树桩丝毫不引人注目，可是到了夜间，它却闪烁着神秘的、浅蓝色的荧光，即使风狂雨猛、酷暑严寒也经久不息。

这些普通的柳树怎么会发光呢？

原来，会发光的不是柳树本身，而是一种寄生在它身上的真菌——假蜜环菌的菌丝体发出来的，因为这种菌会发光，人们给它取名叫“亮菌”。这种菌在苏、浙、皖一带分布很普遍，它专找一些树桩安身，长得像棉絮一样的白色菌丝体吮吸着植物的养料，吃饱了就得意地闪着光，只因为大白天看不出来，人们对它往往是相见不相识罢了。

趣味链接

植物为什么会发光呢？

一些植物体内有一种特殊的发光物质——荧光素和荧光酶。

植物在进行生命活动过程中要进行生物氧化，这时候荧光素在酶的作用下发生氧化，同时放出能量，这种能量以光的形式表现出来，就称为了我们看到的生物光。

能“解毒”的植物

植物世界中不仅有“用毒高手”，也有“解毒者”。

我们常见的芦苇、香蒲、凤眼莲、空心苋、金鱼藻、浮萍等也都有较好的净化污水的能力。这其中有一种叫做水葱的植物，更是能够吸收多种水中的有毒物质。

如果将水葱种在含有十几种有机物的污水池塘中，那些有毒的有机物就会被它吸收掉。有人曾经做过这样的实验，在将水中的酚浓度提高到400毫克/升，然后将水葱种植在其中。过了一个月后，对水质进行测量，发现水中的有毒物质全部被吸收。

虽然植物体吸收有毒物质的能力很强，但值得注意的是，有些有毒物质如氰、砷、铬、汞等，它们在植物体内移动较慢，所以常常会聚集

水葱可以吸收多种水中的有毒物质，是非常优质的净化污水的植物。

在植物的根部；而镉与硒等元素转移很快，可以从植物的根部转移到茎和叶，而且有一部分还能进入果实和种子。所以在有氰、砷、铬、汞污染的地区，绝对不能种植马铃薯、莲藕、荸荠等食用根茎的作物；在硒和镉污染地区，不要栽种食叶的菜以及食果实、种子的禾谷类作物。

植物界的“地动仪”

我们都知道许多动物都会在地震前做出异常的行为，例如青蛙会跳出池塘等。那么植物是否也会对地震做出异常反应呢？

答案是肯定的，很多植物对地震的反应甚至要比动物强烈得多。

1970年，我国宁夏西吉发生了5.1级地震，在这之前的一个月，离震中66千米的隆德县，蒲公英于初冬季节就提前开了花。

蒲公英正常的花期在每年的3~8月

1972年，我国长江口区发生了4.2级地震，在这之前上海郊区曾出现不少山芋藤突然开花的罕见现象。

这些植物的突然开花令生物学家非常不解，直到20世纪80年代，植物学家对植物是否能预测地震进行了更深入详尽的研究，从植物细胞学的角度，观察和测定了地震前植物机体内的变化。

植物学家发现，生物体的细胞犹如一个活电池，当接触生物体非对称的两个电极时，两电极之间会产生电位差，出现电流。在动物中，感觉神经会把兴奋送到中枢神经系统，然后通过大脑发出指令，作出相应的反应。但在植物中，没有分化出感觉器官和专门的运动器官，然而它们对外界的刺激仍可以在体内发生兴奋反应，例如含羞草被碰触后会立即收缩。

含羞草体内有两个电极，受到外界刺激时会立刻作出反应。

为什么地震前植物体的生物电流会剧烈变化呢？

地震前植物出现异常强大的电流，也许是因为它的根系能敏感地捕捉到地下发生的许多物理化学变化，其中包括地温、地下水、大地电位和磁场的变化，导致植物也产生各方面的相应变化。

不会长胖的竹子

竹子是一种高大的、生长迅速的禾草类植物，茎为木质。

竹子的分布很广泛，主要分布于热带、亚热带至暖温带地区，东亚、东南亚和印度洋及太平洋岛屿上分布最集中，种类也最多。全世界竹类植物约有70多属1200多种。

大多数种类的竹子都是常绿浅根性植物，对水热条件要求高，而且非常敏感，地球表面的水热分布支配着竹子的地理分布。

竹子在长到一定程度的时候，就会停止横向生长，是一种“不会长胖”的植物。

东南亚位于热带和南亚热带，又受太平洋和印度洋季风汇集的影响，雨量充沛，热量稳定，是竹子生长理想的生态环境，也是世界竹子分布的中心。

竹子常和其他树种一起组成混交林，而且处于主林层之下，过去很少受人重视。当上层林木砍伐后，竹子以生长快、繁殖力强的特点很快恢复成次生竹林。竹子用途不断扩大，经济价值高，人们植竹造林，形成人工林。次生竹林和人工竹林，又以它强大的地下茎向四周蔓延扩大。

“竹”文化在中国有着悠久的历史。竹枝杆挺拔、修长，四季青翠，凌霜傲雨，倍受中国人民喜爱，有“梅兰竹菊”四君子之一、“梅松竹”岁寒三友之一等美称。中国古今文人墨客，嗜竹咏竹者众多。

第五章
Chapter 5

灵动的植物生命

植物的生命活动通常都是较为安静地进行的，所以人们常常会不自觉地忽略了植物生命的灵动性。其实，植物也有属于自己的感觉器官和神经，有喜怒哀乐的外在表现。

植物的视觉

很多植物都具有很强的趋光性，仿佛长了眼睛能够同人类一样辨识日升日落一般。那么植物真的有眼睛吗？它们的视觉器官是什么呢？

植物学家曾经对植物细胞进行了研究，发现几乎所有植物的细胞中都有一种非常独特的色素——视觉色素。这是一种带染色体的蛋白质分子，虽然在植物细胞中含量甚微，却具有吸收光的能力。它不像一般色素如叶绿素把光作为能源，只对一定波长的光作出反应，它可以把光作为信息源，对不同波长的光作出反应。也就是说，它们使每一个细胞都成为一个光感受器，这些光感受器不仅能“看见”光，还能识别光的强

植物细胞中特殊的视觉色素可以帮助植物体“看”到日升日落

度和光照时间的长短。吸收到清晨淡黄色的光时显得活跃，犹如植物睁开眼睛；吸收到黄昏暗红色的光就变得迟钝，就像植物闭上了眼睛。根据色素分子结构的细微变化，植物就能知道是旭日东升、还是夜幕降临了。

植物的这些“眼睛”不仅可以辨识是否有光，还能够对植物体做出准确、及时地指示，例如花开花闭等，令植物可以随时把自己调整到适于生长繁衍的最佳位置。

虽然人们已经发现了植物的“眼睛”，但对其认识并不深。更为细致的东西还有待生物学家们不懈的探索总结。

植物的触觉

虽然与动物相比，植物看上去有些“木讷”，但是同动物一样，植物也是具有触觉的。

最为典型的例子就是食肉植物捕蝇草，这种草的“触觉”非常的灵敏，一旦有昆虫掠过它的“触须”时，它的“下巴”就会合上，将昆虫收入囊中。达尔文就曾针对捕蝇草的这种行为做出过描述，认为其是模仿了动物的神经系统反应的学者之一。

触觉非常灵敏的植物还有我们非常熟悉的含羞草。当人们碰触到含羞草的叶子的时候，它会立刻做出反应，将叶子合拢缩成一团。

植物同人类一样也是具有触觉的

在植物家族中，触觉敏感的成员还有很多。植物学家们通过不断的实验和观察，发现大约有17个不同科的千余种植物是有触觉的。

植物对触摸作出的反应，实际上是一种自我保护。

北卡罗来纳州韦克福雷斯特大学的植物研究者们曾经通过实验发现，每天只要对植物的茎进行几秒钟的抚摸和敲击就可以使植物枝干的密度加强。这就说明，植物“觉得”它必须提高强度来抵御外力的伤害。

植物的味觉

“品尝”营养物质的能力对于大部分植物都是至关重要的。

一些植物学研究者发现，植物体内有一种特殊的基因，可以使它们的根部生来就有“品尝”土壤的能力，并向营养物质和植物用来固氮的铵盐最丰富的地方移动。

植物的味觉还有助于其对外界的伤害做出及时的防御。

美国农业部的詹姆斯·图姆林森先生曾进行研究并得出结论，当甜菜夜蛾毛虫开始蚕食玉米、甜菜和棉花叶时，植物能“尝”出幼虫唾液中一种特殊的物质，并快速制造一种挥发性化合物，用此引来雌性寡毛土蜂。寄生的寡毛土蜂在甜菜夜蛾毛虫体内产卵，当幼蜂孵化时，就会把甜菜夜蛾毛虫活活吃掉。

植物也是具有体温的，它们会调节体温以适应不同的生存环境。

植物的体温

我们知道，人和许多动物都有一个大致稳定的体温，那么植物也具有体温吗?

科学研究表明，植物体和人体一样也有一定温度。但与人体的温度基本维持稳定不同，植物体的温度通常接近于大气温度，且会随环境温度的变化而变化。

当植物温度低于外界环境温度时，它就会吸收大气中的热量或吸收太阳辐射能，使自己的体温升高；当植物体的温度高于气温时，植物就会利用蒸腾作用和对光线的反射来使体温降低。

同时，植物体各部分的温度也是有所差别的。以对温度反应最为敏感的叶片为例：白天因为受太阳的照射，在强烈阳光的照射下，叶温可以高出气温10℃以上；到了夜间，植物的叶片温度就会比气温低，特别是叶缘和叶尖部分，表现得更为明显。而植物的根部温度与其它部分的温度也会略有差别，更接近地温。

植物的血液

人类和动物都有血液，并且血液所占的比例很大，是维系生命所必须。那么植物是否也具有血液呢?

近年来，支持植物具有血液说法的人越来越多，同时有些人还提出了植物具有血型的观点。

英国威尔士有一座公元6世纪建成的古建筑物，它的前院耸立着一株

已有700年历史的杉树。这棵树高7米多，它有一种奇怪的现象，长年累月流着一种像血液一样的液体，这种液体是从这株树的一条2米多长的天然裂缝中流出来的。这种奇异的现象，每年都吸引着数以万计的游客。

植物血型的发现在生物界引起了非常大的轰动。植物血型的发现者是日本科学警察研究所的研究室主任山本。他也是在偶然的机会中获得这项发现的。

在山本负责的一个案子中，有一位日本妇女夜间在她的居室中死去。警察一时还无法确定是自杀还是他杀，于是对现场收集到的血迹样本进行了化验。经化验死者的血型为O型，可枕头上的血迹为AB型，于是便怀疑是他杀。可后来一直未找到凶手作案的其他佐证。这时候有人提出，枕头里的荞麦皮会不会是AB型呢?这句话提醒了山本，他取来荞麦皮进行化验，果然发现荞麦皮是AB型。

植物具有血型的发现，引起了生物研究界的巨大反应。

这件事促进了山本对植物血型的研究。他先后对500多种植物的果实和种子进行了观察、化验。发现植物和动物从生命的起源来看，具有同祖同宗的血型。例如，苹果、草莓、南瓜、山茶、辛夷等60种植物是O型；珊瑚树等24种植物是B型；葡萄、李子、荞麦、单叶枫等

目前，植物血型研究者们尚未发现A型植物。

是AB型。但是山本并没有找到A型植物。

根据对动物界血型的分析，山本认为，当糖链合成达到一定的长度时，它的尖端就会形成血型物质，然后合成便停止了。也就是说血型物质起了一种信号的作用。正是在这时候，才检验出了植物的血型。山本发现，植物的血型物质除了担任植物能量的贮藏外，由于本身黏性大，似乎还担负着保护植物体的任务。

植物有体液循环，植物体液也担负着运输养料、排出废物的任务，体液细胞膜表面也有不同分子结构的型别，这就是植物也有血型的秘密所在。但植物体内的血型物质是怎样形成的，至今还没有弄清。植物血型对植物生理、生殖及遗传方面的影响，尚有待科学家的进一步探索。

植物的脉搏

最近，一些植物学家在研究树木增粗速度时惊异地发现，活的树干有类似人类脉搏一胀一缩跳动的现象，且具有明显的规律性。

难道植物也同人类和动物一样具有脉搏的跳动吗？

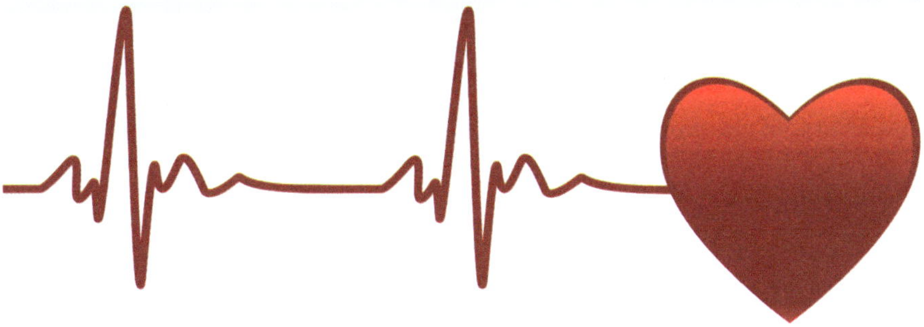

同人类具有脉搏和心跳一样，许多植物也是有“脉搏”的。

植物学家通过长期的观察研究，给出了确定的答案，认为这是植物的正常生理现象，只不过以前一直没有被人注意到罢了。

科学家还进一步指出，每逢风和日丽的时候，太阳刚从东方升起时树干就开始收缩，一直延续到夕阳西斜。到了夜间，树干就会反过来开始膨胀，直到第二天早晨。树干这种日细夜粗的搏动，每天周而复始，但每一次搏动，膨胀总略大于收缩，所以树干会随着其生长时间的延长而增粗。

遇到下雨天，树干的“脉搏”就会处在几近停滞的状态，这时它总是不分昼夜地持续增粗。直到雨后转晴，树干才重又开始收缩，这种情况被认为是植物“脉搏”中的一个特例。

植物学家在解释植物奇特的“脉搏”现象时指出，植物“脉搏”是由植物体内水分运动引起的。当植物根部吸收的水分与叶面蒸腾的水分一样多时，树干几乎不发生粗细变化；如果吸收的水分超过蒸腾的水分，树干就要增粗；相反在缺水时，树干又会收缩。

当然，并不是所有的植物都有典型的“脉搏”现象的，例如竹子等就不具备典型的植物脉动。

仅是推测，应当说，关于植物记忆的问题，在目前还是一个没有被彻底解开的谜。

植物的神经

20世纪60年代以来，许多科学家围绕着一个有趣的问题——植物是否具备神经系统而争论不休。

这场争论的根源起于全世界最著名的进化论者，也是研究食肉植物的最早权威——查尔斯·达尔文。他发现捕蝇草的叶片上有6根特殊的“触发毛”，而且只有当其中一根或几根被弯曲过来时叶片才猛然关闭。于是他提出一个大胆的假设：这种行为的发生，一定是由于某种信

许多植物体内的细胞电脉冲速度与动物体内的单脉冲速度不相上下。

号极快地从“触发毛”传到捕蝇草叶内部的运动细胞，快得简直像动物神经中的电脉冲。

为了给这种假说提供证据，伦敦大学的著名生理学教授桑德逊在皇家植物园中对捕蝇草的电特性进行了仔细的观察研究，并在这种植物的叶片上纪录到电脉冲。

与此同时，加拿大卡林登大学的学者雅可布森，也在“触发毛”内检测出一些非常不规则的电信号。

后来，沙特阿拉伯凯尼格·富塞尔大学农业系生物学的富塞尔·阿·塞尔教授经过6个月的研究发现，植物有一个“化学神经系统”，而且当有人想要对其造成伤害的时候，它就会作出防御反应。同时，富塞尔·阿·塞尔教授还指出，植物还有类似动物的感觉，两者惟一的区别是：动物能表达这种感觉，植物的感觉则是由化学反应产生的。这种化学反应，从某种意义讲，与人的神经系统很相似。

最近，美国圣路易州的华盛顿大学组织了一个由著名学者皮卡德领导的专门研究小组，皮卡德和其学生威廉斯以及另一名研究生理的切纳发现：反复轻拂捕蝇草的“触发毛”，除了能记录到电信号外，也能刺激微小的、位于“触发毛”表面的消化腺释放消化液。他们推测，这也许是动作电位在此时起了作用，然而据此仍无法确定植物体内是否具备神经组织。

到目前为止，无数的证据已经表明，所有的植物由于某种原因都会应用电信号，那么能不能说它们已经具备了神经系统呢？对此还是有很多植物学家持反对意见。

看来关于植物神经是否存在的争论，还将持续很久。

植物的记忆

科学家们曾经在一种名叫三叶鬼针草的植物身上，进行了一项有趣的实验。结果证明，有些植物不仅具有接收信息的能力，而且还有一定的记忆能力。

这项实验是法国克累蒙大学的科学家设计的。他们选择了几株刚刚发芽的三叶鬼针草，整个幼小的植株，总共只有两片形状很相似的子叶。

科学家们用4根细细的长针，对右边一片子叶进行穿刺，使植物的对称性受到破坏。数分钟后，他们

植物是具有较为短暂的记忆能力的，尤其是对外界伤害的记忆。

用锋利的手术刀，把两片子叶全部切除，然后再把失去子叶的植株放到良好的环境条件中，让它们继续生长。

数天之后，意想不到的有趣情况发生了，那些没受过针刺的一边萌发的芽生长很旺盛，而受过针刺一边的芽生长明显缓慢。

这个结果表明，植物依然“记得”以前破坏对称性的针刺，以及其带来的痛苦。

之后，科学家们又反复实验，验证了他们得出的结论，并进一步发现，植物的记忆力大约能保持13天。

植物的睡眠

如果仔细观察你就会发现，合欢树每到夜晚就会把镰刀样的小叶子成双成对地合抱在一起，就像是蜷起身子在睡觉一样。难道说植物也会睡觉么?

的确，植物也有睡眠的，并很多植物的睡眠是很容易就能观察到。例如我们刚刚提到的合欢。另外，花生的叶子也会在夜晚的时候向上关闭，且小枝都有气无力地耷拉下来，显然它已经进入“梦乡“了。

除合欢树、花生以外，会“睡觉”的植物还包括红三叶草、酢浆草、白屈菜、羊角豆等，它们的叶子也都是晚上合闭，白天伸开。

在植物界里还有许多昼伏夜出的“夜猫子”，这些植物睡觉的时间不是在晚上，而是在白天。例如，晚香玉一到晚上就精神十足，白天却无精打采。

另外，烟草花是白天闭合夜间开放。随着季节的变化，当严冬到来的时候，植物的叶子就开始枯黄凋落，整个植株全部进入了休眠状态，各部分都停止生长，在酣睡中度过寒冷的冬天。

也有的植物可以像人类一样“假寐”，即只是部分在睡眠，如腋芽。

三叶草也是一种非常会“睡觉”的植物

植物的感情

从外在和生命活动情况来看，我们总是误解植物是无感情的“冷血生物”，但其实植物也是有感情的。

植物的情绪表达

1966年2月的一天上午，有位名叫巴克斯特的情报专家正在给庭院的花草浇水，这时他脑子里突然出现了一个古怪的念头，他竟异想天开地把测谎仪器的电极绑到一株天南星植物的叶片上，想测试一下水从根部到叶子上升的速度究竟有多快。结果，他惊奇地发现，当水从天南星的根部徐徐上升时，测谎仪上显示出的曲线图形，居然与人在激动时测到的曲线图形极为相似。他不禁疑惑，难道植物也有情绪?

为了寻找植物是否具有情绪的答案，巴克斯特做了更多的实验。接着他试图用火去烧叶子，就在他刚刚划着火柴的一瞬间，记录仪上出现了明显的变化。燃烧的火柴还没有接触到植物，记录仪的指针已剧烈地摆动，甚至超出了记录纸的边缘。但在植物感到并不会受到伤害的时候，记录仪上反映出的曲线变得越来越平稳。

植物和植物之间是能够互相传递“情绪”的。

之后，巴克斯特又设计了另一个实验。他把几只活海虾丢入沸腾的开水中，这时，植物马上陷入到极度的刺激之中。且多次试验都有同样的反应。

实验结果变得越来越有趣，这令巴克斯特也感到越来越兴奋。他甚至怀疑实验是否正确严谨。为了排除任何可能的人为干扰，保证实验绝对真实，他用一种新设计的仪器，不按事先规定的时间，自动把海虾投入沸水中，并用精确到1/10秒的记录仪记下结果。巴克斯特在3间房子里各放一株植物，让它们与仪器的电极相连，然后锁上门，不允许任何人进入。第二天，他去看试验结果，发现每当海虾被投入沸水后的6～7秒钟后，植物的活动曲线便急剧上升。根据这些，巴克斯特指出，海虾死亡引起了植物的剧烈曲线反应，这并不是一种偶然现象。几乎可以肯定，植物之间能够有交往，而且，植物和其他生物之间也能发生交往。

植物也会有压力

在现代社会中，许多因素会使人神经紧张，比如忙碌、噪声、考试等等。

科学家们发现，植物同样也会因生命受到威胁而感到压力，并会做出“释压行为”。

科学家通过实验发现，当空气严重污染、空气湿度太大或太小、火山喷发、动物啃吃植物的树叶或大量昆虫蚕食植物时，植物都会倍感压力。这种时候，它们就会释放出极少量的乙烯气体，一次来为自己“减压”；并且压力越大，释放的乙烯量越多。

科学家还发现，经常受到威胁而紧张的植物，其生长速度也会因受影响而减慢，甚至会枯萎。

植物的心理

当在巴克斯特关于植物情绪的实验引起植物学界的巨大反响时，也有人认为那不过是哗众取宠的谬论。对“植物有情绪”论点反对声最大的就是麦克博士。

为了找出有力的反驳证据，麦克做了很多实验。有趣的是，他在得到实验结果后，态度出现了180° 的转变。

这是因为他在实验中发现，当植物被撕下一片叶子或受伤时，会产生明显的反应。于是，麦克大胆地提出了更进一步的观点：植物具备心理活动。

麦克认为，植物会思考，也会体察人的各种感情。他甚至认为，可以按照不同植物的性格和敏感性对植物进行分类，就像心理学家对人进行的分类一样。

这又引发人们对植物情感研究的兴趣更趋浓厚。科学家们开始探索“喜怒哀乐”对植物究竟有多少影响。为了能更彻底地了解植物如何表达“感情”的奥秘，日本中部电力技术研究所的岩尾宪三和其同伴，特意制造出一种别具一格的仪器——植物活性翻译机。

这种仪器非常奇妙，只要连接上放大器和合成器，就能够直接听到植物的声音。研究人员根据对大量录音记录的分析发现，植物似乎有丰富的感觉，而且在不同的环境条件下会发出不同的声音。

例如，有些植物的声音会随着房间中光线明暗的变化而变化，当它们在黑暗中突然受到强光照射时，能发出类似惊讶的声音。有些植物遇到变天、刮风或缺水时，会发出低沉、可怕和混乱的声音，仿佛表明它们正在忍受某种痛苦。

在研究植物感情的过程中，科学家们发现了越来越多的有趣问题，于是，一门新兴的学科——植物心理学便由此诞生了。现在，在这门学科中，还有无数值得深入了解的未知领域，等待着科学家们去探索、去揭晓。

人类和植物之间是可以做到“心灵相通”的。

植物与人类的感情

苏联科学家维克多做过一个有趣的实验。

他先用催眠术控制一个人的感情，并在附近放上一盆植物，然后用一个脑电仪，把人的手与植物叶子连接起来。

当所有准备工作就绪后，维克多开始说话，说一些愉快或不愉快的事，让接受试验的人感到高兴或悲伤。这时，有趣的现象出现了。植物和人不仅在脑电仪上产生了类似的图像反应。

而更使人惊奇的是，当试验者高兴时，植物便竖起叶子，舞动花瓣；当维克多在描述冬天寒冷，使试验者浑身发抖时，植物也出现相应的变化，浑身的叶片会沮丧地垂下“头”。

植物的“乐感”

我们现在经常能够看到或听到有关于科学家用用音乐来刺激植物生长的报道，这说明植物是有“乐感”的。

有一位科学家每天早晨都为一种叫加纳菇茅的植物演奏25分钟音乐，然后在显微镜下观察其叶部的原生质流动的情况。结果发现，在奏乐的时候原生质运动得快，音乐一停止即恢复原状。

植物也是懂得“欣赏音乐”的

他对含羞草也进行了同样的实验，发现听到音乐的含羞草在同样的生长条件下比没有听到音乐的含羞草高1.5倍，而且叶和刺长得满满的。

另外，还有科学家在经过反复的试验后发现，大多数的植物都喜欢听古典音乐，而对爵士音乐却不太喜欢。

美国科学家史密斯对着大豆播放“蓝色狂想曲”音乐，20天后，每天听音乐的大豆苗质量要比未听音乐的大豆高出1/4。

植物分辨上下的本领

我们看到植物中大多数都是茎部向上、根向下生长的。即使我们有意将它们倒置，过不了多久它们的根仍会向下弯曲，而茎又向上弯曲生长了。

难道说植物具有分辨上下方向的本领吗?许多植物生理学家一直感兴趣的问题。

牛顿万有引力的发现，给植物学家带来启发，人们认识到，地球的吸引力是影响植物生长方向的重要因素。

著名生物学家达尔文曾观察到，植物的根和芽在改变生长方向时，各部位细胞的生长速度是不同的。但达尔文并没有给出出现这种不同的原因。

趣味链接

查尔斯·罗伯特·达尔文（1809～1882年），英国生物学家、博物学家。

达尔文最初是因地质学研究而被世人熟识的，而后其又提出了证明所有生物物种是由少数共同祖先演化而来的科学证据。

1859年，达尔文出版了《物种起源》一书，使起源于共同祖先的演化，成为对自然界多样性的一项重要科学解释。达尔文还曾发表了一系列专门针对植物研究的书籍。

1926年，美国植物生理学家弗里茨·温特第一次发现了植物生长素的秘密。他通过实验证明植物的生长素总是爱聚集到遮荫的一侧，因而使植物的遮荫部分生长加快；而相对缺少生长素的受光部分则生长较慢，这就导致植物发生弯曲。

温特还指出，植物茎叶的弯曲是由生长素在组织内分布不均造成的。植物的生长素在重力作用下会向植物下部积累，使植物的根向下长、茎向上长。

温特的发现，吸引了众多科学家竞相对植物生长素展开研究。美国俄亥俄州立大学的植物学家迈克尔·埃文斯和他的同事在研究中还获得了意外的收获。他们发现植物在弯曲生长的过程中，无论根冠下侧还是芽的上侧，都含有大量的无机钙。由此，他们提出一个新理论：无机钙在植物生长方向上起举足轻重的作用。对此，埃文斯是这样解释道，根冠中有极为丰富的含淀粉体的细胞，淀粉体在贮存淀粉的同时也贮存大量无机钙。在重力的作用下，淀粉体会把内部贮存的钙送到根冠下侧，使根向下生长。

当然了，这些研究结果都证实了一点，那就是植物根下、茎上的生长方式与地球重力是密切相关的。

植物的自卫术

在人们的想像中，植物生来就是供人类及其它动物吃、穿、用的，丝毫没有什么抵抗或自卫能力。可是，你知道吗？通过长期的自然选择和人工培育，很多植物都练就了一套抗寒、抗涝、抗旱、抗盐和抗病的本领；而有的却有祖传的自卫能力。

对植物自卫能力的研究，有着巨大的潜在实用价值，它为我们提供了掌握植物进化方式的一些重要线索。

理化防御法

化学防御法

美国科学家通过多年考察后发现，某些柳树在当地毛虫即将来袭以前，叶片中会分泌出一种生物碱，使叶子变得异常苦涩，难以下咽；同

仙人球体表的刺，会令想要对其“下手”的动物心生胆怯。

时还会产生一种使毛虫无法消化的蛋白质。于是，以此为生的毛虫被饿得“头昏眼花”，寒风一吹，便滚落在地，一命呜呼了。

有一种长在沙漠中的灌木，叶片中含有酚树脂，能和植物蛋白质及淀粉形成动物不易消化的络合物。贪吃的动物见了这种灌木，只得摇头离去。

槭树和橡树在遭受虫害后叶片中单宁酸含量大增，昆虫只有另寻新叶。

雏菊和毛莨可产生一种对昆虫有毒的多重氮乙烷。

胡萝卜则产生一种呋喃香豆素，以破坏昆虫细胞中的脱氧核糖核酸，这样昆虫就不敢来犯了。

甘蓝、芥菜等能合成各种细菌、昆虫及动物讨厌的芥子糖苷，来犯者闻到后，只好退避三舍。

野生马铃薯遭到蚜虫侵害时，便散发出一种酷似害虫用来发警报信号的化学物质，从而把蚜虫吓跑。

生长在南美洲原始森林里的马勃菌，如果人不小心碰着它，它会像炸弹一样爆炸，冒出一股浓烟，弄得人咳嗽、流泪，喉咙奇痒难受。

最奥妙的是，科学家们发现落叶松，太平洋水松、美洲梅中含有保幼酮，昆虫吃了会变成既不像虫又不像蛹的怪物，从而导致昆虫死亡。

日本科学家发现蕨类和万年青等植物中含有大量类似蜕皮激素的物质，昆虫吃了就会加速蜕皮，提早化蛹，最后因发育不良而死亡。

物理防御法

玫瑰、仙人球、仙人掌等植物长了很多刺，这样和动物就不敢随便触动它们了。

稻、麦穗子上的长芒也能抵抗麻雀等鸟类的侵犯。

有的植物体上长了许多毛，这也是谋求自卫的有力武器。有人发现，谷物叶甲虫在毛状体密度较高的小麦品种上产卵要比密度较低的品种上少得多。叶蝉则会遭到棉花软毛的排斥。如果蚕豆甲虫或叶蝉等昆虫爬到蚕豆叶上，就会被下表面钩状毛牢牢地缠住，以致饿死。

英国科学家发现，野生的玻利维亚马铃薯能靠叶子的茸毛分泌一种粘胶来捕捉害虫。用这种野生马铃薯和英国的一种马铃薯杂交得到的一种新品种，如果蚜虫、螨、蓟马和某些甲虫去伤害它，就会被叶子上的胶液粘住而送命。

理化防御法的结合

虽然单独使用物理防御法或化学防御法的植物很令人惊奇，但其实最厉害的要算那些能把物理武器和化学武器结合起来使用的植物。

例如各种蝎子草和荨麻科植物，它们的叶子背面布满了含有蚁酸、醋酸、酪酸等混合毒液的刺毛，如果人和动物的皮肤碰到刺尖，这些刺毛便扎进皮肉，把管子里的毒汁随即注入，好像被蝎子或马蜂蜇一样难受，并且久久不能消肿。

伪装躲避法

有些植物长出不同形状的叶子，造成一种模糊的外表，从而在敌人面前蒙混过关。

有的植物喜欢和其它植物混生在一起，而这些植物所产生的特殊气味能使某些昆虫不愿接近，从而免遭侵食。

喜马拉雅山上有一种“眼镜草”，其样子活像一条昂首吐舌的眼镜蛇，使“敌人”望而生畏，而它却达到生存的目的。

蝎子草叶子背面布满了具有混合毒液的刺毛，能够扎入人类或动物的皮肤中。